シン・テフン 作　ナ・スンフン まんが
呉華順 訳

マガジンハウス

シンとジュリのママ。
小言を言ってばかりだが、一家の頼れる存在。
テレビが大好き。

シンの妹。
受験をひかえた高校３年生。食べることとマンガを読むことが大好きで、その時の集中力はすさまじい。

※マンガの中で登場人物の頭の上からぶら下がっているのは、心がブッ飛んでいかないようにしっかりつかんでおくための"ふしぎなロープ"なんだ。

変わり者の大学生。
昼に寝て、夜になったら起き出してゲームばかりしている。
しかし科学に関しては天才的で、知らないこともつくれないものもない。

シンのいとこ。
シンのパパとママにかわいがられている。
シンに科学を教えてもらっているお利口さんだが、じつはトラブルメーカー。

シンとジュリのパパ。
一生けん命働いてはいるものの、なぜかいつも怒られてばかり。

もくじ

登場人物 …… 2

1 ジュリに一目ぼれ！ 脈拍はなぜ速くなるの？ …… 6

2 黄金の島にご招待！ 海で一番深いところは？ …… 14

3 黄金の島を目指して出発！ 満ち潮と引き潮はどうして起こるの？ …… 24

4 水を持ってきていないなんて!! 海水がしょっぱい理由は？ …… 38

5 ジュリが大きな魚をつる方法 魚はどうして水中で呼吸ができるの？ …… 48

つかめ！理科の原理！ 水中でくらす生き物たちの呼吸 …… 56

6 ずっとここにいたい！ 植物はどうして種をたくさんつくるの？ …… 58

7 あたしはなんてったって肉食 植物がなければ動物は生きていけない？ …… 62

8 ボクってまずそうなの!? ミミズがいるといい土になる？ …… 66

9 カッコウはひどい!? ほかの鳥の巣に卵を産む鳥がいる？ …… 76

つかめ！理科の原理！ カッコウならではの子育て戦略 …… 82

10 死海ってふしぎ！ 泳がなくても体が浮く海がある？ …… 84

11 おどろくことはない!? 砂漠ってどうしてできるの？ …… 96

12 起こしてすみません！ 冬眠じゃなく夏眠をする動物がいる？ …… 106

13 ラクダの恩返し ラクダの背中にはどうしてコブがあるの？ …… 112

つかめ！理科の原理！ 砂漠の船 ラクダ …… 120

14 クジラが水面に上がってきた！ クジラって哺乳類なの？ …… 122

15 マンマちょうだい！ クジラの母乳のあげ方は？ …… 126

16 ついにグレートランドに到着！ ライオンはゾウのウンチが好き？ …… 128

つかめ！理科の原理！ いろいろな動物のフン …… 134

17 怖くないのに！ ヘビに足がないわけは？ …… 136

18 うちへ帰ろう！ 大昔、世界はひとつの大陸だった？ …… 140

19 アリスはシンに目がない！ 目はどうしてふたつなの？ …… 146

20 恐怖のドラゴン魔球！ カサブタができるとどうしてかゆいの？ …… 158

おまけ 世界のすごい科学者 アイザック・ニュートン …… 174

科学クイズにチャレンジ！ …… 176

1 ジュリに一目ぼれ！

脈拍はなぜ速くなるの？

目の前にこれだけの食料があるというのに食べられないとは…！
お金がないうえに 言葉も文字もわからず いったいどうすればよいのでしょう…

……！

ウル
ウル
ウル

どいた！ どいた！
商売のジャマしないでくれる!?
うぅ!!
シッ シッ

ふん！人情のカケラもないやつだ！
いつか海で出会ったらぎゃふんと言わせてやるゾ!!
グーーー
ワタシはいつどうなってもかまいませんがおぼっちゃまだけでもなにかめし上がらねば!!!
ワタシが押し入って…！
待て！それはならぬ!!!
われわれは勇敢なグレート部族！たとえ飢え死にしようとも名誉をけがすことはだめだ!!
ガンッ
将来 われらの長になられるお方がこれほどの苦労をされるとは…トホホ…！
シク
シクシク

ド
カ

ううううう!!!
プル
プル

ビキッ
ビキ
ビキ
ありゃ？

わが部族の名誉のためにたえるのだ!!
た たえるのだ!! 空腹でどうにかなりそうだが
グー
グー
グググー

ガタ
な なんだ!?
このゆれは？ 地震か？
ガタ

ひえぇ!!!
ガタ
ガタ

バキッ
うわあ!!!

ドスン
ぐおぉぉぉぉ
おおおおお!!!

ぐぁああ!!
おなかがペコペコで
力が入らない!!
ぼ ぼっちゃま!!!

あれ？

お手伝いしましょうか？
ポン
エイッ!!
ヒュッ
ハ～！
おじょうさんの
おかげで助か…

なんとっ!!

たくましい腕に浮きあがった血管!!
ムキ
ムキ

あの食べっぷり!!
ガツ
ガツ
バッ
見事なまでの
ふくらはぎ!!

まさしく絶世の美女!! 千年に一度めぐり会えるかどうかの…
モリ
モリ
ど どうしたことか? あの子に会ってから心臓のドキドキが止まらないではないか!!
ドクン
ドクン

なに？ 心臓がドキドキするだって？
バッ
ど…どなたかな？
それは危険だ！ ワタシが脈を測ってあげよう！

脈拍というのは 心臓の拍動により送り出された血液が動脈の壁に触れて起こる動きのことであり
ドク
ドク
ドク
つまり こうして脈拍を測ると心臓の拍動がわかるってことさ！
ドク
ドク

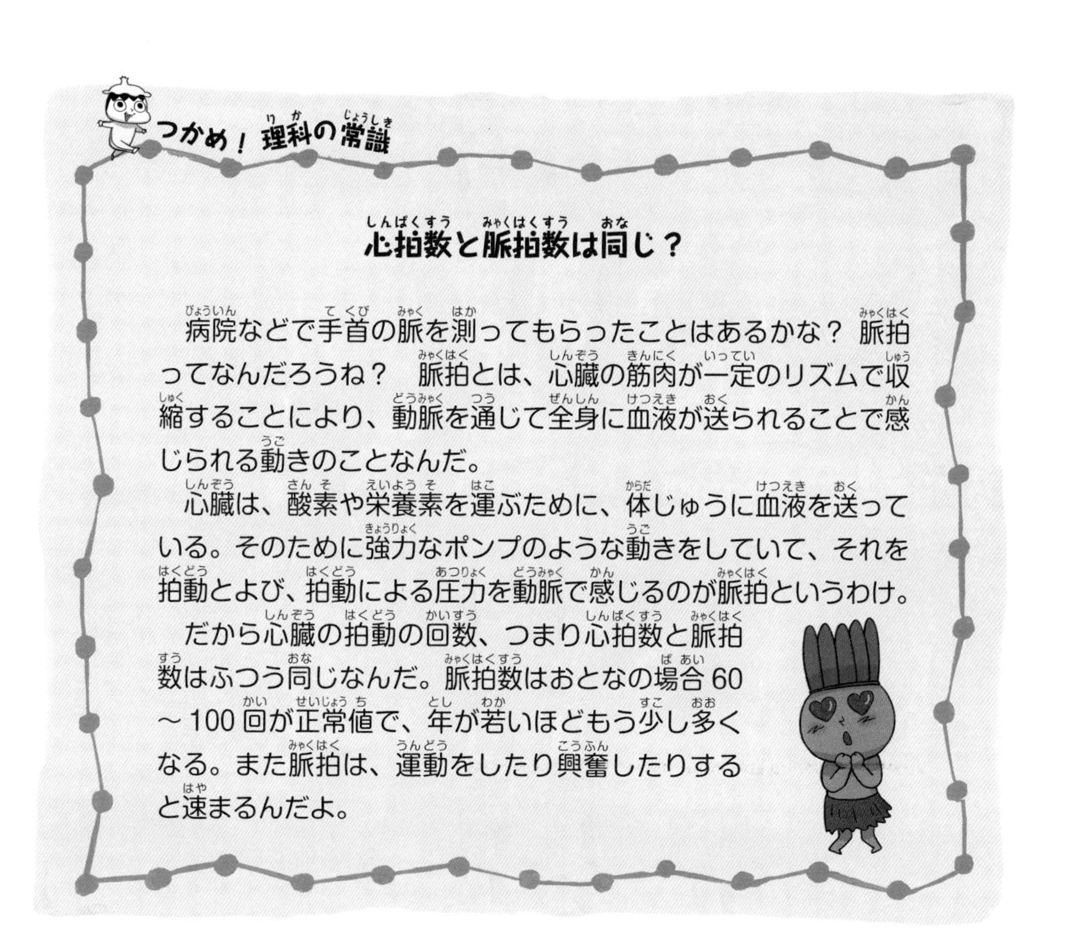

つかめ！理科の常識

心拍数と脈拍数は同じ？

病院などで手首の脈を測ってもらったことはあるかな？ 脈拍ってなんだろうね？ 脈拍とは、心臓の筋肉が一定のリズムで収縮することにより、動脈を通じて全身に血液が送られることで感じられる動きのことなんだ。

心臓は、酸素や栄養素を運ぶために、体じゅうに血液を送っている。そのために強力なポンプのような動きをしていて、それを拍動とよび、拍動による圧力を動脈で感じるのが脈拍というわけ。

だから心臓の拍動の回数、つまり心拍数と脈拍数はふつう同じなんだ。脈拍数はおとなの場合 60 ～100 回が正常値で、年が若いほどもう少し多くなる。また脈拍は、運動をしたり興奮したりすると速まるんだよ。

2 黄金の島にご招待！

海で一番深いところは？

……？

あの人たち
なんて言ってるの？
ああ 料理の
うばい合いを
してるみたい

あら〜 わたしのお料理って
そんなにおいしいのかしら!?

けど どうして
言葉がわかるの？
ボクが開発した多言語
スマート翻訳機を使ったの！
これさえあれば
どこの国の言葉でも
わかるんだよ！

そうなの？ じゃあ わたしも聞いて みようかしら！
あっ!!
バッ

これほどマズい料理もめずらしいが 1週間飲まず食わずだったから 食べるしかないな！
はい ワタシも生き延びる ためにいたしかたなく！

あの とてつもない力は!?
おや!?

さっきなんて 言ったかしら？
まちがいだって 翻訳ミス!!

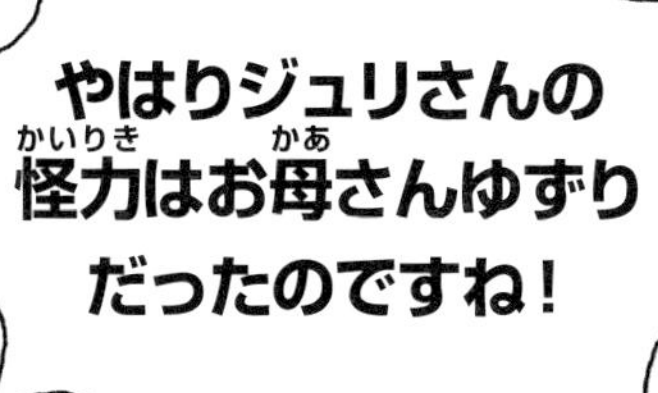
やはりジュリさんの
怪力はお母さんゆずり
だったのですね！

まさしく！ おぼっちゃま
われわれはついに
探し当てたようですゾ！

は？
ジュリがどうか
したのかしら？

ゲホッ…

おふたりはどちらから
いらしたの？

ハ あらためてご紹介
いたしましょう こちらは

偉大なる グレート部族の
次期首長になられる
お方でございます！
ジャン

えっ？ グ グレート部族!?
あの伝説の部族が
実在してたのか!?

うん？ どんな部族なの？
世界で一番の力持ちの人々がくらす国は知ってるよね？

もちろんよ！ストロング王国でしょ！
ムキ

そう！ そのストロング王国の人々が ゆいいつライバル視しているのが
グレート部族なんだよ!!
ド
ドン

ええ そんなに強いの？ だって倒れかかった壁ひとつ支えられなかったって言ってたじゃない！

それは…
われわれが長い間なにも食べていなかったからで…

聞くところによると グレート部族は
大海原を泳いで渡り 黄金を見つけて
大金持ちになった部族らしい…

だから 島の建物は
どれも上から下まで
金ピカだって！

トイレにペーパーまで
すべて金ピカで
ございます！
黄金でできているのは
建物だけではなく
タイルや壁紙
ハハ…
建物がどれも
金ピカだなんて…
どうもフェイク
ニュースが伝わって
いるようですな！

これも草に見せかける
ために緑色にぬって
ありますが じつは金
ピカ
ピカ
ホントだ!!

うむ…
あら 地図まで金なのね！
親切にしていただいたお礼にジュリさんのご家族をご招待いたします これが地図です

でもこの地図…なんか…テキトーすぎない？
グレートランド！
世界で一番深いところ！

そうだ!!
マリアナ海溝だ！

えっ？ 一番深いところというと!?
これでたどり着けるとでも？

マリアナ海溝はグアムの近くにあって 海底が深くえぐられている
一番深いところは約1万920mにもなるんだ！
世界一高い山のエベレストも海溝にすっぽり入り
それでも海面まで約2000mは残るほどさ！
マリアナ海溝
深さ約1万920m
エベレスト
標高約8849m

だから 海溝の底は1平方 cm あたり 1t以上の水圧がかかる計算で
太陽の光も届かない 暗黒の世界なんだ！
地球のなかの また別の 宇宙ともいえる！

ガオ
だからそこには 人類がまだ発見できずにいる未知の生命体がいるかもしれない！

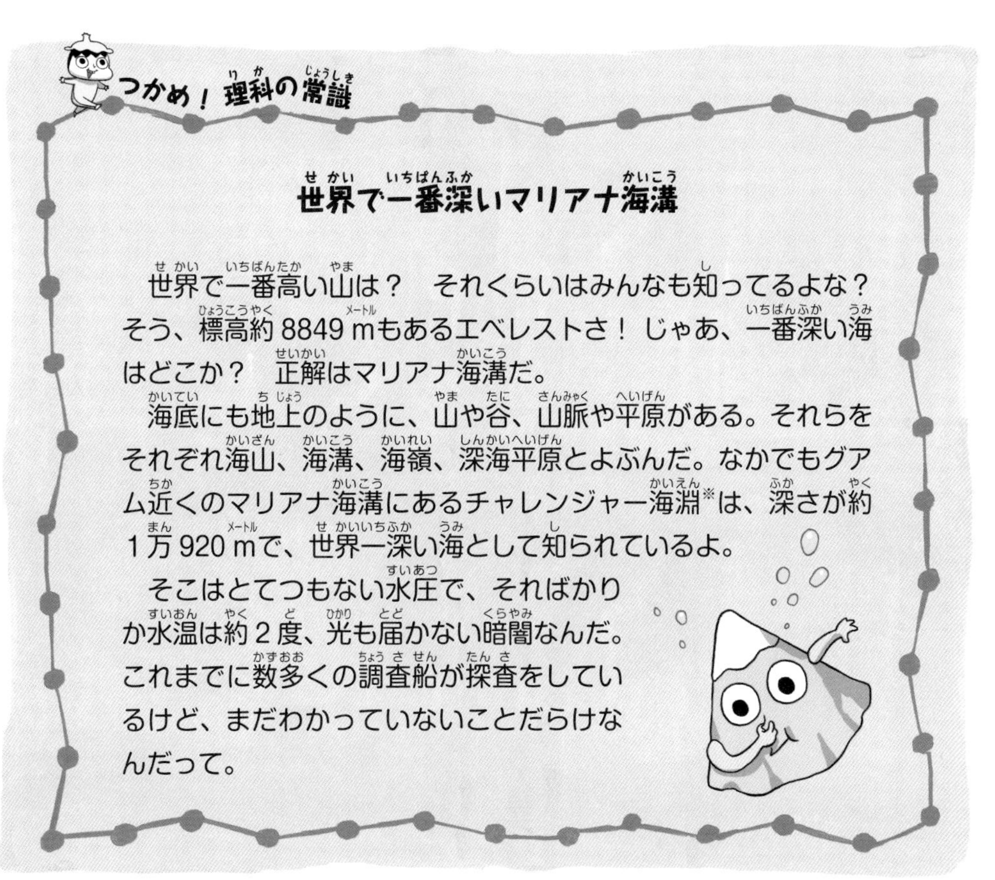

世界で一番深いマリアナ海溝

世界で一番高い山は？　それくらいはみんなも知ってるよな？　そう、標高約 8849 mもあるエベレストさ！　じゃあ、一番深い海はどこか？　正解はマリアナ海溝だ。

海底にも地上のように、山や谷、山脈や平原がある。それらをそれぞれ海山、海溝、海嶺、深海平原とよぶんだ。なかでもグアム近くのマリアナ海溝にあるチャレンジャー海淵※は、深さが約1万 920 mで、世界一深い海として知られているよ。

そこはとてつもない水圧で、そればかりか水温は約 2 度、光も届かない暗闇なんだ。これまでに数多くの調査船が探査をしているけど、まだわかっていないことだらけなんだって。

※海淵…海溝の中のとくに深い部分をいう

3 黄金の島を目指して出発！

満ち潮と引き潮はどうして起こるの？

なんてことを！
われわれはお礼を
させていただきませんと!!
黄金の島
グレート部族の宝を
さしあげますので!!
黄金!!!

そ そんな…たかだか
ごはん一杯で そこまで
していただくわけには…
たかだかごはん
一杯だなんて！

わがグレート部族は
いつなん時 訪れるやもしれぬ
数々のきょういのなかを
生き延びてまいりました

空腹の時に
ありつけた食事の
おいしさといったら！

われわれにとってごはんは
金よりも大切なのです!!
ですから われわれは
ごはん一杯のありがたみを
だれよりも
知っているのです!

ホホホ そこまで言われては…
では行ってみようかしら?

き 金より…
ごはんが…!?

ヤッホ〜!!
行こう行こう!!
オホホホ〜 金塊を
もらいに…じゃなくて
せっかくの招待だものね!!

試験ですって？
ところで…その前にひとつ試験がございまして

ここでどんな試験をするっていうの？

イヤよ！ 試験なんて世界で一番きらいなのに!!
ひとまず広い場所に行きましょうか

グレートランドの入り口にはほかの部族が侵入できぬように巨大なストーンゲートがございます
ドーン
たとえ招待客だろうと その門を開けられなければ中に入れません

これはとても大切な試験なのです！

ストーンゲートって
石でできた門のこと？
そのとおり！

そうよね せっかく
行ったのに入れなかったら
がっかりだわ！
では 準備をしてまいり
ますので少々お待ちを

おぼっちゃま 島の入り口に
そんな門などないのに
なぜあのようなウソを？
巨大な石の門を開けるのは
婚礼の際に行う 部族の
伝統儀式ではありませんか！

フッフ おまえの言うとおり
石の門を開けるのは
婚礼の儀式さ！
だが
よく考えてみろ！
もしもワタシが
「ジュリさんと結婚したいので
石の門を開けてください」と言ったら
はたして彼らは島に
来てくれるかね？

おまえも知っているだろう わが部族の女性たちが どれほど凶暴か…!

ガオオオオ

心のトビラを開いて ワタシと結婚して ちょうだい!!

島で一番の怪力の女性と 結婚することになっている わが部族の伝統!!

ノバキッ

その過酷な運命を ワタシはなんとか 変えたいのだよ!!

石の門をなんとか動かせるていどの ひ弱で繊細な女性と 仲よく くらすのがワタシの夢なのだ!

よろっ

おじゃましても よろしいかしら?

ジュリさんが少しでも門を
開けてくれたら
ワタシは彼女を
花嫁に迎えるつもりだ!!
おぼっちゃまのお気持ち
重々わかりました!!
じーーん

ハッ！ハッ！
ハッ！ハッ！

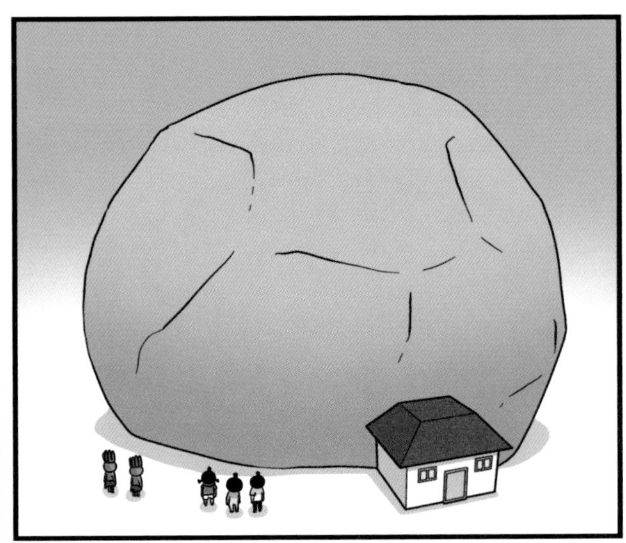

これはちょっと…
ムリだよね！
は？
こんなのどうやって
動かすんだ？
……！

わが部族の女性だったら
おそらく2 ㎞ は持ち運んだはず

ちょっと待って!!
うちには船もないのに
島までどうやって行くの？

シン なにかいい方法
ないの？
うむ ひとつだけ方法が
ないこともないけど！
どんな方法だ？

家を解体して
船をつくるの

はあ!? この家いくらすると
思ってるのよ
船にするだなんて!!

けど 目的地が黄金の島なら 話は変わってくるんじゃ ありませんかね？
それもそうね!! いますぐ 解体するわよ!!

ガシャン
ガタッ
そうよね 島で金をがっぽり 手に入れたら もっと大きな家が 建てられるもんね!!
ポキッ

ジャーン

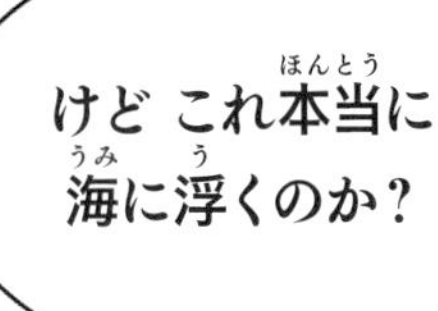

けど これ本当に海に浮くのか？
口よりも手を動かして！ もうすぐ満ち潮の時間だよ！
トン
トン

満ち潮ってなに？

海水が岸のほうに入ってくることさ 潮が満ちて海水面がもっとも高くなった状態を満潮という
満ち潮

反対に海のほうに引いていくのを引き潮といって 海水面が下がりきった状態を干潮という
引き潮

ええっ 海水って生きてるわけじゃないよね？ なんで行ったり来たりするの？

フッフッ それはなんと月の引力が 海水を引っぱっているからだよ！
ういーん

月と太陽は海水を
自分のほうへ
引っぱろうとする
こっち
こっち！
こっち
こっち！
そして地球は一日に1回
自転をしているよな
ぐる
ぐる
ジュリ！
ツバ飛ばすな！

月に近い海では海水が引きよせられて
もり上がり 満ち潮になる
太陽も海水を
引っぱっているけど遠いぶん
月より力は小さいんだ
こっち…
あれ 弱いな…
フッフッフ！

なんだかよくわかんない！

じゃあ
この絵を見るんだ！

月の引力によって
海水がもり上がって
いるところがあって
その反対側は引力が弱い
ために 海水がとり残され
こちら側も満ち潮になる
こっち
こっち！
その中間の部分は
海水が減って
引き潮になり
ふくらんでるところは
海水が入ってきて
満ち潮になって
いるんだよ！

そゆこと！ だから一定の
時間をおいて海水が満ちたり
引いたりしているのさ！

プハー
ブクブク
ブクブク
プハー
あっ それで地球は一日に1回
自転しているから 満ち潮と
引き潮は2回起こるんだね！

つかめ！理科の常識

月の引力によって起こる満ち潮と引き潮

海水が陸地に入ってくることを満ち潮、反対に海のほうに引いていくことを引き潮、そしてそれらの現象を潮汐という。潮汐は、おもに月の引力が海水を引っぱるために起こるものなんだ。

月のほうに向いている海水は月の引力によってもり上がり、同時に、その反対側の海水も取り残されることでもり上がるんだよ。このように両端のもり上がったところが満ち潮で、その中間は引き潮になるってわけ。

太陽も満ち潮と引き潮に影響を与えはするけど、月より遠い場所にあるから、その影響力は月ほどではないんだって。

4 水を持ってきていないなんて!!

海水がしょっぱい理由は？

まさか…あたしにこんなので太平洋のど真ん中までこいでいけとか言わないわよね？

人の手でこぐだなんて！このひ弱な科学者のボクがそんなこと考えると思うか？
ちょっと待ってろって！

パ
満潮に引っかかって中断したところをこれから完成させるから！
ッ

チクチク

コツ
コツ
コツ
コツ

できた!!
バサッ

グゥ
たのんだぞ!!
パッ
ジュリは柱を支えてくれ！

ギュッ

グル
グル

ひゅう

はた
はた

うわ
めっちゃ速い！
すごいなぁ!!

ジュリは柱が
倒れないように
押さえててくれ！
はあ!!?

うわああああ!!!
びゅうっ

ザアア

わあ すごぉい！
おっきぃ～!!

パタ
パタ

あれ？ 海水って
なんでしょっぱいの？

ぺっぺっ!! うぅしょっぱい！
海水が口に入ったぁ！
ぺっぺっぺ!!

……！
ほんと ほんと
どうせならあまかったら
よかったのにな…！
ねえ兄ちゃん！
海水ってどうして
しょっぱいの？

知りたいか？

めっちゃ知りたい!!

そうか じつはな…海水が
しょっぱいのは塩が
混ざっているからだよ！

おい！ そんなの
当たり前だろ！
オレたちをバカに
するな！
海に塩を混ぜたのは
だれかって
聞いてるの！
ふり
ふり

あ そういうこと？ けど海に
塩を入れたのは人じゃないぞ

それは大昔に地球が誕生した時までさかのぼる
地球の温度が下がってくると水蒸気が冷やされ大量の雨となったわけだが

その時に地球の大気中にあった物質のうち 水に溶けやすいものが海へと流れていった

地球には内部から吹き出した大量のガスがあって

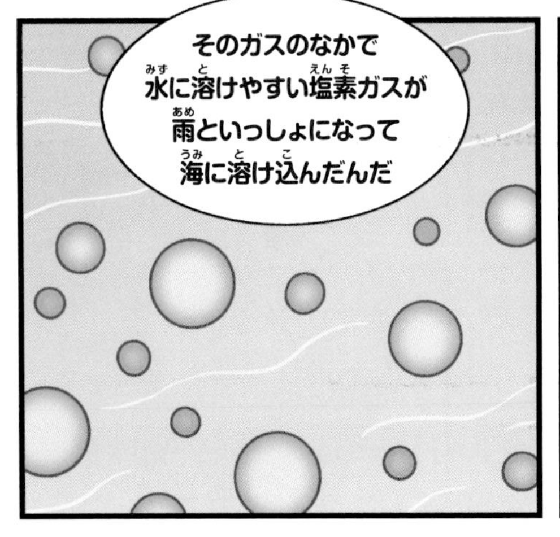
そのガスのなかで水に溶けやすい塩素ガスが雨といっしょになって海に溶け込んだんだ

エンソ？
ヤ〜エン ソ〜エン！
それを言うなら ヤ〜レンソ〜ランだろ てか全然ちがうし！

塩素は元素のひとつで
毒性のある黄緑色の気体のこと！
Cl
Cl
Cl
Cl
Cl
Cl

そうして酸性になった海水が
先に冷えて固まっていた
岩石にふくまれるナトリウムを
溶かしたんだ
Na
Na
Na
Na

そしてこのふたつの元素は
海で出合って結びつき…
Na
Cl

それが塩化ナトリウム
Na
Cl
つまり
塩ってわけさ!!

海水には塩がたくさん
ふくまれていて 1L の
海水に対して平均で34gの
塩が溶けてるんだぞ！
そうなんだ どうりで
しょっぱいわけだね!!
1L

しょっぱい塩の話をしてたら
なんだかノドがかわいた!!
グゥ そこの水を
取ってくれないか？

ボク
知らない！
どこにあるんだ？
ジュリが持って
きたわよね？
あれ？ お水
入ってないけど…！
がらん

もう全部
飲んじゃった
けど…！
ええ？ 自分のしか
持ってきてないよ！

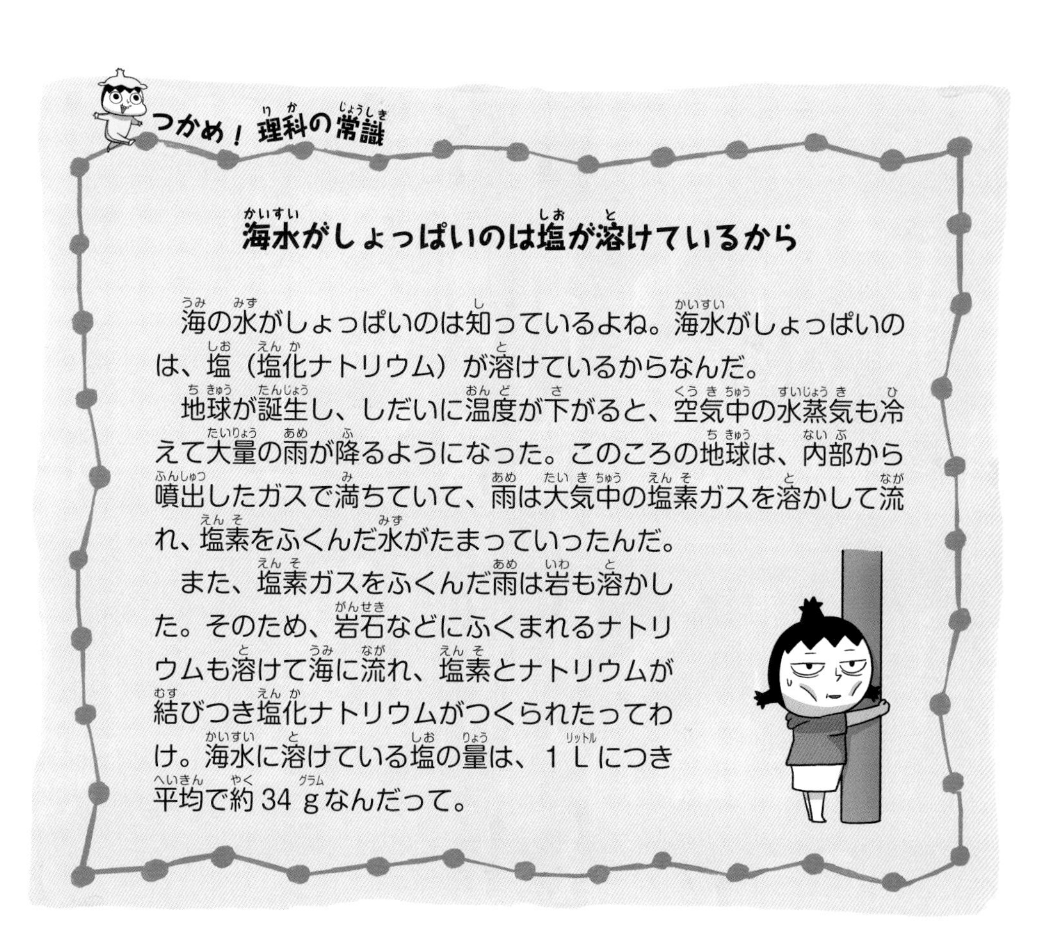

つかめ！理科の常識

海水がしょっぱいのは塩が溶けているから

海の水がしょっぱいのは知っているよね。海水がしょっぱいのは、塩（塩化ナトリウム）が溶けているからなんだ。

地球が誕生し、しだいに温度が下がると、空気中の水蒸気も冷えて大量の雨が降るようになった。このころの地球は、内部から噴出したガスで満ちていて、雨は大気中の塩素ガスを溶かして流れ、塩素をふくんだ水がたまっていったんだ。

また、塩素ガスをふくんだ雨は岩も溶かした。そのため、岩石などにふくまれるナトリウムも溶けて海に流れ、塩素とナトリウムが結びつき塩化ナトリウムがつくられたってわけ。海水に溶けている塩の量は、１Ｌにつき平均で約 34 ｇなんだって。

5 ジュリが大きな魚をつる方法

魚はどうして水中で呼吸ができるの？

それってみんな
冷凍食品じゃない！
この暑い日にまさか…！

フフ 心配ご無用だよ！
ちゃんと このクーラーボックスに
入れておいたから

ふ～よかった！ じゃあ
アイスでもひとつ…
カタッ
がらん
ジュリ!!!
?
あんたまたひとりで食べたわね？
みんなのぶんも残しておいて
くれないと!!!
ママったら！ あたしだって
それくらいはわかってるわよ
半分だけ食べて残りは冷凍庫！

は〜よかった！
冷凍庫に…

はあっ!?
冷凍庫!!?

電気も通ってないのに
冷凍庫に入れて
どうするんだよ!!?

そうじゃなくてこの船には電気が…
いや いいわ！ どうせ説明しても
わかんないだろうしな！
え？ なんで
コンセントを
さしてないのよ!?

ゴオォォォォォ
あの暴風雨のなかに
突入して
水をくんでくるわよ!!

こうなった以上 まずは
水を確保しなくちゃ…！

水と食料がないほうが
命にかかわるわよ！
水を求めて出発!!
そ それはあまりに
危険では…

ザザザァ
ザァ
ザァ
ゼェ
ゼェ
みんな…無事よね？
ううん…！
はぁ
はぁ
つぎは食料の確保!!
はぁ…！
つれるのは
小物ばっかりだ！
ひいん…!!

魚が息つぎしに
顔を出してくれたら
手で捕まえられるのに！
フフ それはムリだ！
魚にはエラがあって
水中でも呼吸が
できるからな！
えっ？
そうなの？

魚のエラは無数のヒダにわかれていて
その中にある毛細血管から水中の酸素を
取り込んで息をしている
魚のエラがたくさんの
ヒダにわかれているのは
一度にできるだけ多くの水に
接触するためなんだ
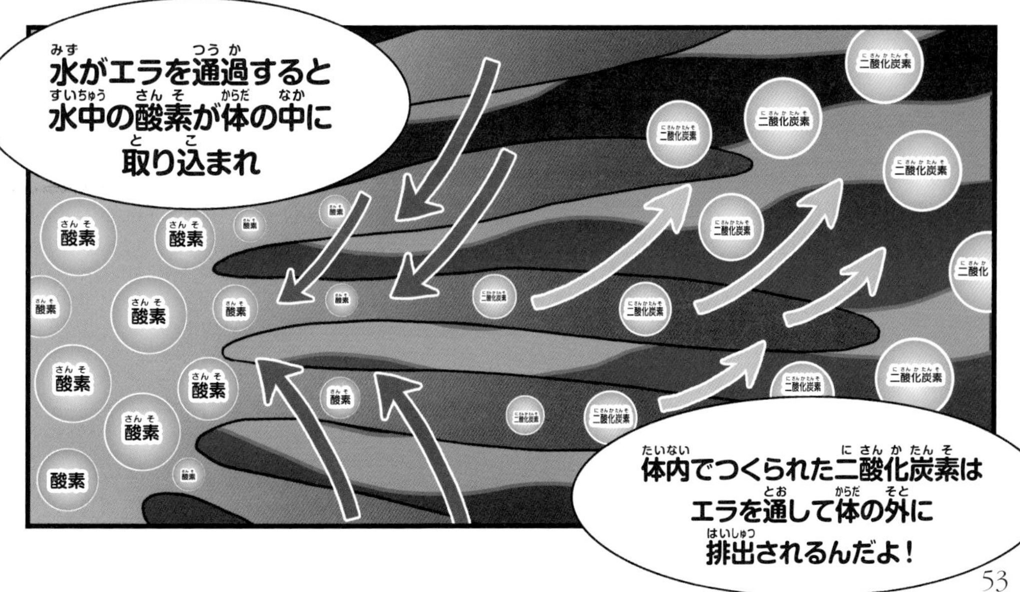
水がエラを通過すると
水中の酸素が体の中に
取り込まれ
酸素
二酸化炭素
体内でつくられた二酸化炭素は
エラを通して体の外に
排出されるんだよ！

ああ 魚はエラで呼吸をしているからずっと口をパクパクしているんだね！
パク パク

まあな つまり魚は水面に顔を上げて呼吸をする必要がないってこと！
だからエサでつるしかないんだよ！

ああ もうじれったいわね！あたしに任せてちょうだい！

だから言ったろ！エサがないとつれないって！おまえにもムリ…

わあ！ 来た来た!! 大きなエサで大きな魚が寄ってきた!!
……！
クゥー

つかめ！理科の常識

魚は水中でエラ呼吸をする

人間は水中では息ができないけれど、水中で暮らす魚はどうやって呼吸をしているんだろう？　魚が水中で呼吸できるのは、エラのおかげなんだ。

エラは鰓蓋の内側にあって、たくさんのヒダにわかれている。ヒダには毛細血管が張りめぐらされていて、そこから水中の酸素を取り込めるんだよ。だから、水と接触する面ができるだけ多くなるように、いくつものヒダが並んでいるってわけ。

魚はつねに口をパクパクさせているけど、その動きによってエラを通して酸素を体内に取り込み、二酸化炭素を体の外に出しているんだよ。

水中でくらす生き物たちの呼吸

人間も魚のように、水中で呼吸ができたらどれだけいいだろうね。そうしたら水泳だってなんなくできて、おぼれることもないだろうし。魚は人間にはないエラをもつから、水中でも息ができるって言ったよね。それじゃあ、魚はエラを使って水中でどんなふうに呼吸をしているのか調べてみよう。

魚は息をするために、つねに口を動かして水を取り入れ、エラに送っている。エラでは取り入れた水から酸素を吸収し続けているんだよ。エラブタの中にあるエラは、くしがいくつも重なっているようなかたちになっている。エラの毛細血管を通って水中の酸素が吸収されていくんだ。エラが赤いのは、呼吸をするために血管がたくさん張りめぐらされているからなんだよ。魚は、体内でつくられた二酸化炭素をエラから体外に排出してもいるんだ。

▲ エラブタを開けると
エラが見える

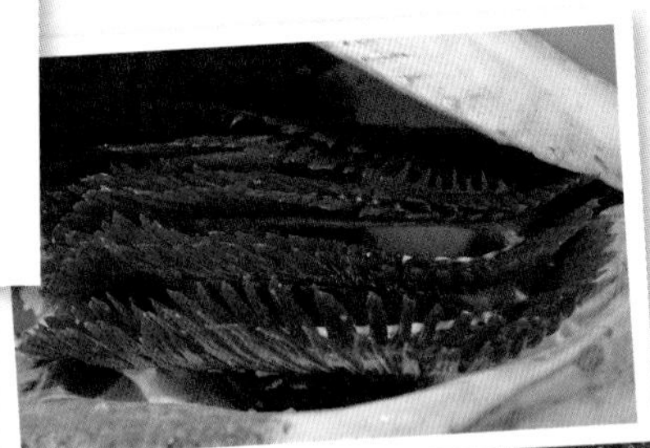

◀ エラはくしが
いくつも重なって
いるようなかたちを
している

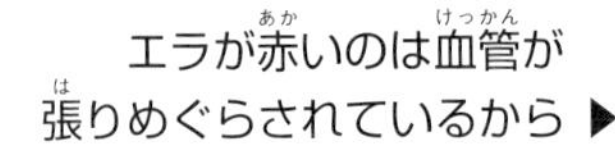

エラが赤いのは血管が
張りめぐらされているから ▶

▲息をするために口を動かし続ける金魚

▲息をするために水面から顔を出すアザラシ

▲息をするために水面から顔を出すシャチ

それなら魚は地上でも呼吸ができるのか？

魚は水の外では息ができず、すぐに死んでしまうんだ。ほとんどの魚は水中の酸素を吸収して呼吸をしていて、空気中の酸素を吸うことはできないってこと。だから地上ではエラに水分が残っている間だけ生きていられて、エラがかわくと酸素が吸えなくなって死んでしまうんだよ。

水中には魚だけでなく、アザラシやシャチ、クジラのような哺乳類もいるけど、それらにはエラではなく人間のような肺がある。そういう動物は水中では呼吸ができないから、一定の時間になると顔を上げて息つぎをするんだ。その代わり、水中でも長い時間、息をしなくてもたえられるようになっているけどね。たとえばゾウアザラシやマッコウクジラは１〜２時間も水中にとどまれるんだって。

6 ずっとここにいたい！

植物はどうして種をたくさんつくるの？

あんたたち！
なに食べてるの!?

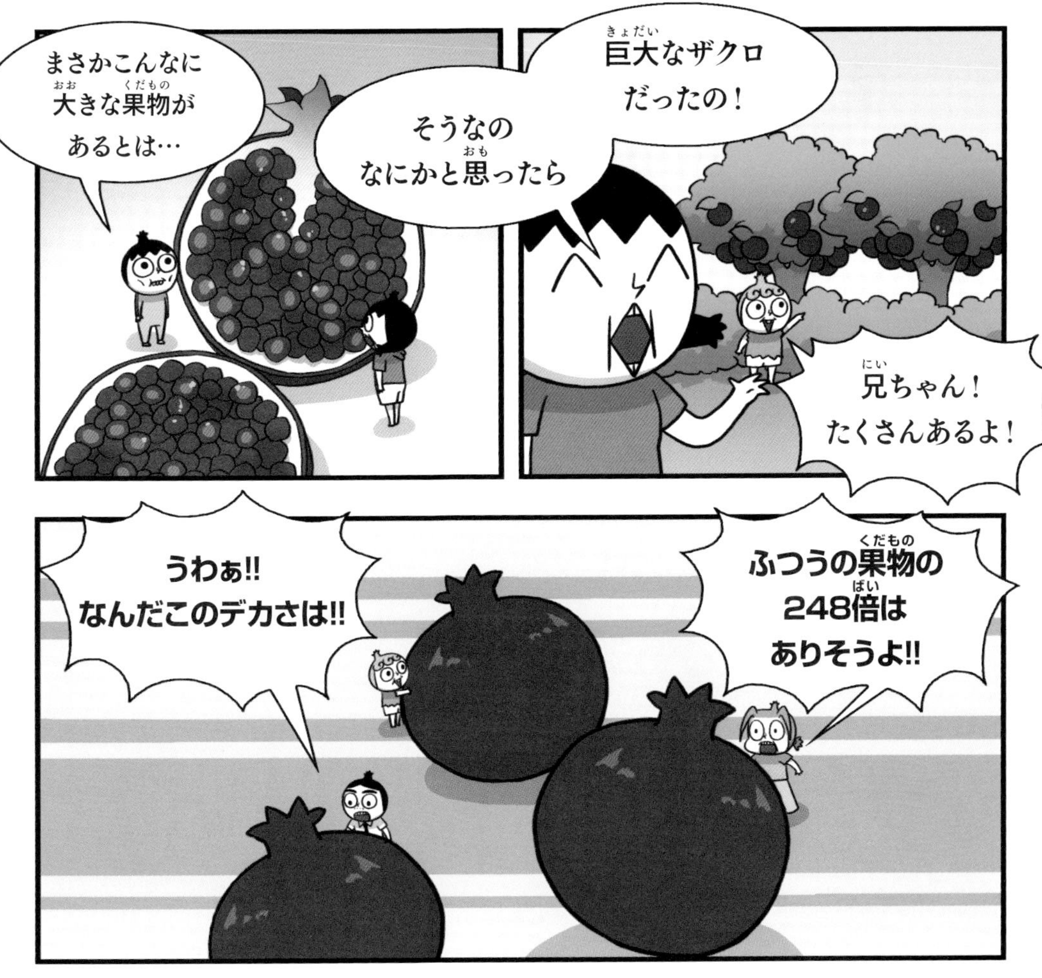
巨大なザクロだったの！
そうなのなにかと思ったら
まさかこんなに大きな果物があるとは…
兄ちゃん！たくさんあるよ！
ふつうの果物の248倍はありそうよ!!
うわぁ!!なんだこのデカさは!!

おいしすぎるぅ!!
しあわせ〜!!

でも種があってちょっと食べにくいね！

えっ？種なんかある？
おまえは種ごと食べてるもんな!!

植物が種をたくさんつくる理由は種の生き残れる確率がほんのわずかだからだよ！

野生動物が果実を食べて遠くに移動する過程でフンをしたら消化されていない種が出てくるのは知ってるよな？
シャクシャク
ぶりっ
カチカチ
ボウボウ
でも 出てきた種は寒すぎても暑すぎてもかわきすぎやしめりすぎでも芽が出ないんだ
さまざまな理由で芽が出ないことが多いから 生き残る数を増やすために できるだけたくさんの種をつくるんだよ！

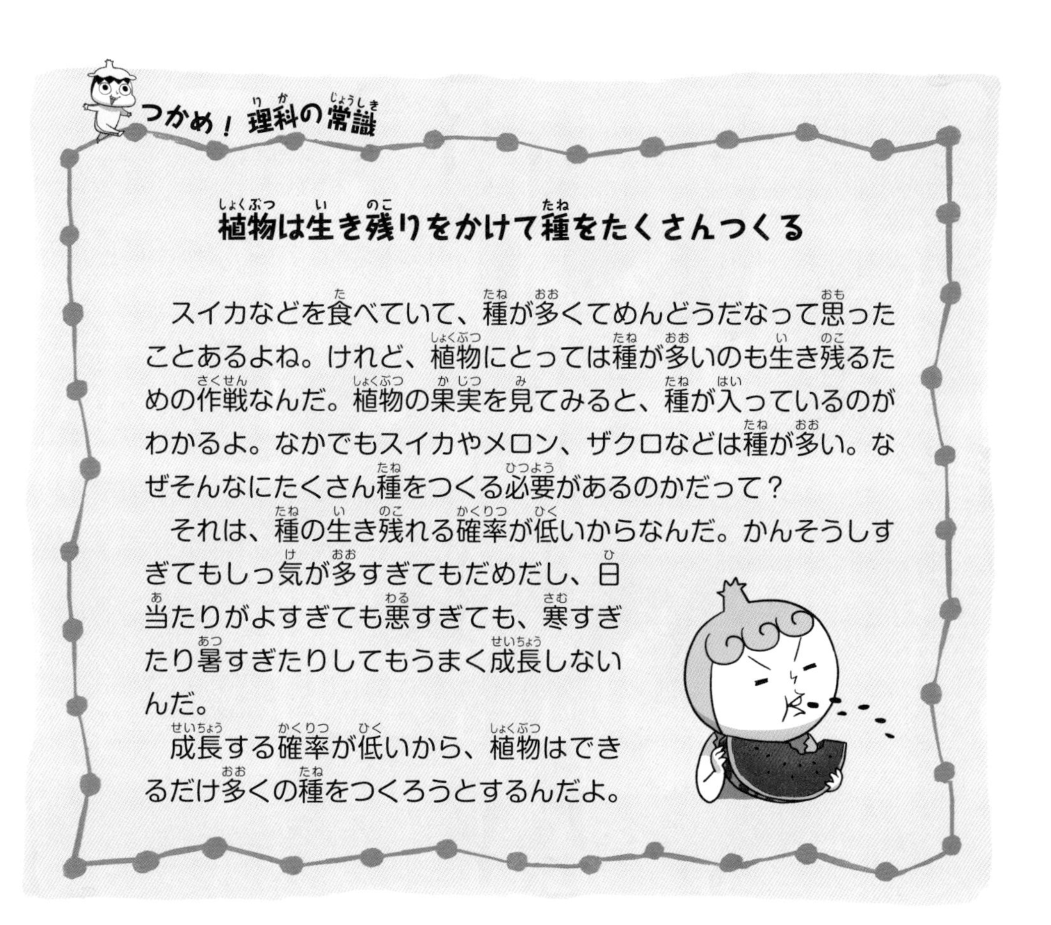

植物は生き残りをかけて種をたくさんつくる

スイカなどを食べていて、種が多くてめんどうだなって思ったことあるよね。けれど、植物にとっては種が多いのも生き残るための作戦なんだ。植物の果実を見てみると、種が入っているのがわかるよ。なかでもスイカやメロン、ザクロなどは種が多い。なぜそんなにたくさん種をつくる必要があるのかだって？

それは、種の生き残れる確率が低いからなんだ。かんそうしすぎてもしっ気が多すぎてもだめだし、日当たりがよすぎても悪すぎても、寒すぎたり暑すぎたりしてもうまく成長しないんだ。

成長する確率が低いから、植物はできるだけ多くの種をつくろうとするんだよ。

あたしはなんてったって肉食

植物がなければ動物は生きていけない？

がらーん
ジュリちゃんが全部取っちゃったのかな！
あれだけあったザクロがひとつも残ってない！
あの子の食欲はだれにも止められないわ!!

食料は多ければ多いほどいいじゃない！いつでも食べられるようにしておかないと！

ジュリ もうそれくらいにしておきなさい！

当分の間はもうじゅうぶんだ！おまえが食べる量を少し減らせばいいんだよ！
量を減らせですって？よくもそんなひどいことを！

ザクロをもいでたら またおなかがへっちゃったわ
バクッ

そうだぞジュリ！ ここにいる動物のぶんだって残しておいてやらないと！
果実を全部もいでしまったらこの島でくらす動物たちは飢え死にするかもしれないぞ！
動物が飢え死にするですって!?

植物は日光を浴びれば自ら養分をつくれるけど

動物たちは自ら養分をつくることはできないから 植物やほかの動物を食べて生きているんだ

それなのに おまえが枝を折ったり果実を全部取ったら植物は死に
植物がなければそれを食べている動物たちも飢え死にする
そしたらその動物を食べる動物まで飢え死にすることになるよな？
えっ それってあたしのこと？

つかめ！理科の常識

自ら養分をつくれる植物と、それを食べる動物

みんなのなかにはきっと、野菜ぎらいな子も多いだろうな。お肉ばっかり食べて野菜がきらいな子は、植物なんてなくてもいいのにって思っているかもね。でも、植物がなくなったら動物は生きていけなくなるぞ。人間もそう。なぜかって？

植物は日光を使って自ら養分をつくることができる。でも、動物は自ら養分をつくり出すことができないから、植物やほかの動物を食べることで栄養を得ているんだ。

だから植物がなくなったら、それを食べる動物は栄養が取れずに死んでしまい、その動物を食べるほかの動物だって生きていけなくなる。つまり、あらゆる動物が死に絶えてしまうのさ。

8 ボクってまずそうなの!?

ミミズがいるといい土(つち)になる？

おじちゃん
どうしたの？
おや？
地震かな？
くねくね

なにしてるのよ！
早く乗って!!
地面がゆれて
いるような
ぐにゅ
ぐにゅ

早くしろ!!
ピキッ
雨足が強まってる
このぶんだと大雨になるぞ！
ザーッ

メラ
メラ
はいはい
いま行きますよ!!

ひぃいぃい!!
ドン

くねっ

にょきっ
うわっ きしょっ!!
な なんなの!?
地面から
にょきにょきって!
にょきっ

がしっ

やめて～ 食べ物じゃ
ないなら出てこないで!!
ひゅっ

ごっ
くん
ひえ～～～!!!

どうだろう！
ウマい果実がある場所には
ヘビがいるなんてうわさを
聞いたこともあるような…！
へ…ヘビ？
ススッ
ズルズル

まあ…
取り囲まれちゃった
じゃない！

もう見てられないわ！
ママが助けに
行ってくる！
ダメ！
ママまで行っちゃったら
ボクどうするの!?

うわあぁぁぁ!!!
そう？ だったら
あんたが行きなさい!!
ビューン

うげぇ!!!
ぎゅっ

ウエッ!! このヌルヌルの
感触はまさか!?

おや？ 突然雨が
やんだぞ スコール
だったのか？
ぴたっ
スコールって
なに？
スコールは熱帯地方で
毎日のように降る
にわか雨のことよ！
ストン

それよりも
シンを救わないと!!
そうだった！
おいシン！
だいじょうぶか？

ううぅ！ わかったぞ！
こいつらは…

ミミズだよ
ミミズ!!
はあ？ これが
ミミズだって？
ミミズがこんなに
大きいの!?

ふぅ助かった！ きっと
ボクはまずそうなんだな！
ミミズがこれほどいるって
ことは土がいいってことだな
だから果実がどれも
大きかったんだ！
ミミズと土と
どんな関係が
あるの？

ミミズは肥えたいい土にする
大きな役割を果たしているんだ！

動物のフンや植物の葉っぱが落ちて
いるからって それがそのまま土に
吸収されて養分になるわけじゃない！
……
……

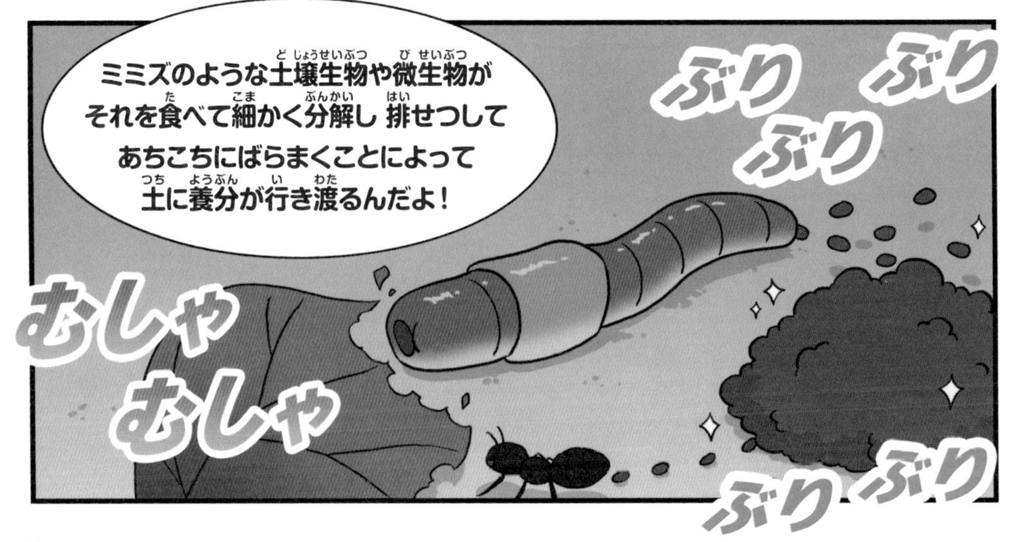
ミミズのような土壌生物や微生物が
それを食べて細かく分解し 排せつして
あちこちにばらまくことによって
土に養分が行き渡るんだよ！
ぶり ぶり
ぶり
むしゃ
むしゃ
ぶり ぶり

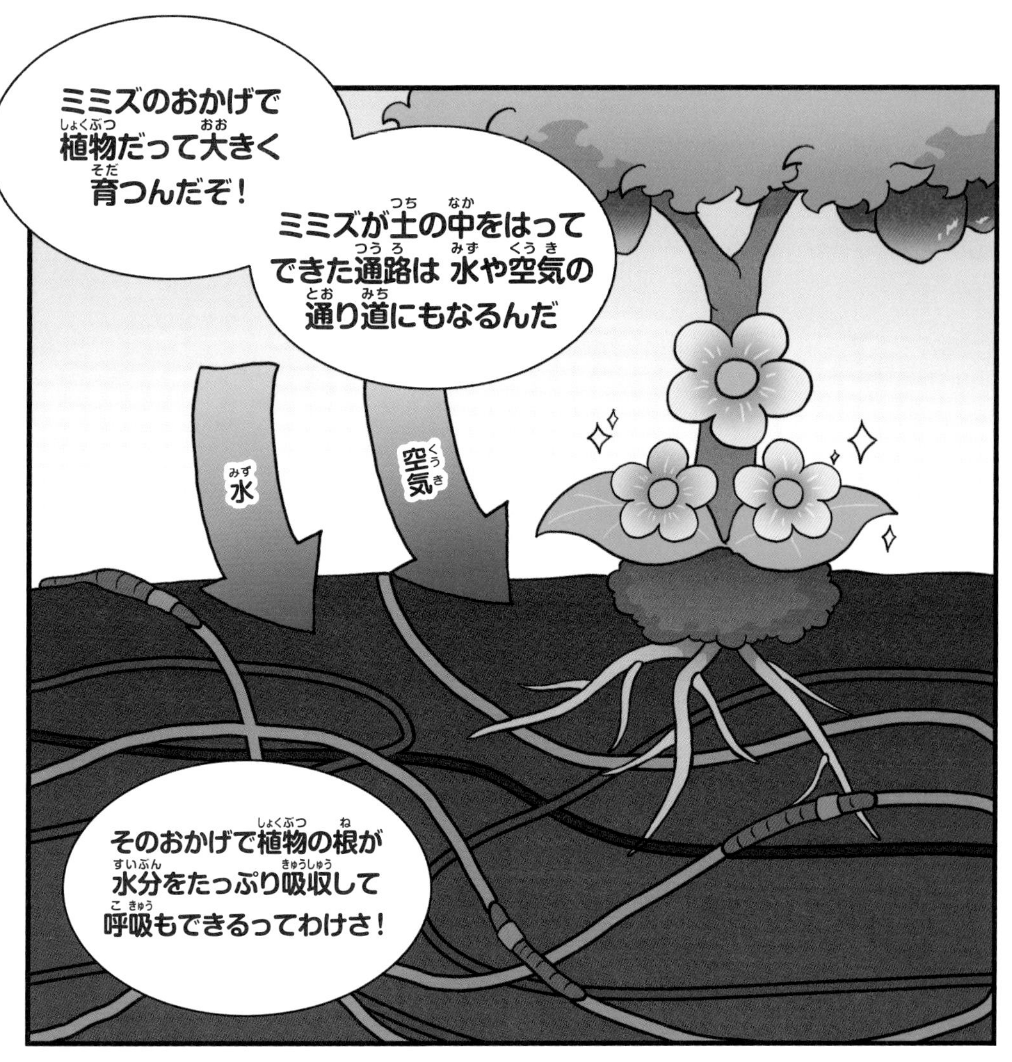
ミミズのおかげで植物だって大きく育つんだぞ！
ミミズが土の中をはってできた通路は 水や空気の通り道にもなるんだ
水
空気
そのおかげで植物の根が水分をたっぷり吸収して呼吸もできるってわけさ！

へぇ 土をフカフカのスポンジのようにしてくれるんだね！

そう！ だからミミズは自然界に欠かせない生物なんだ！
エッヘン！

農家の人々がスキやスコップで畑を耕すのも いい土壌にして作物がよく育つようにするためさ そんな大変な仕事を…
ザク
ザク
ザク

ミミズは生涯やってくれているってこと！そう考えるとありがたいだろ!?
にょろ
くねくね
にょろ

そうなんだ！ ヌルヌルして気持ち悪いだけの生き物だと思ってたけど…

いなくてはならない大切な生き物だったんだね！
いい土にしてくれてありがとう!!
だからって地面の上に出てきたミミズをいつまでもハグしないように！
ミミズはじめじめした土の中にいる生物だからな！

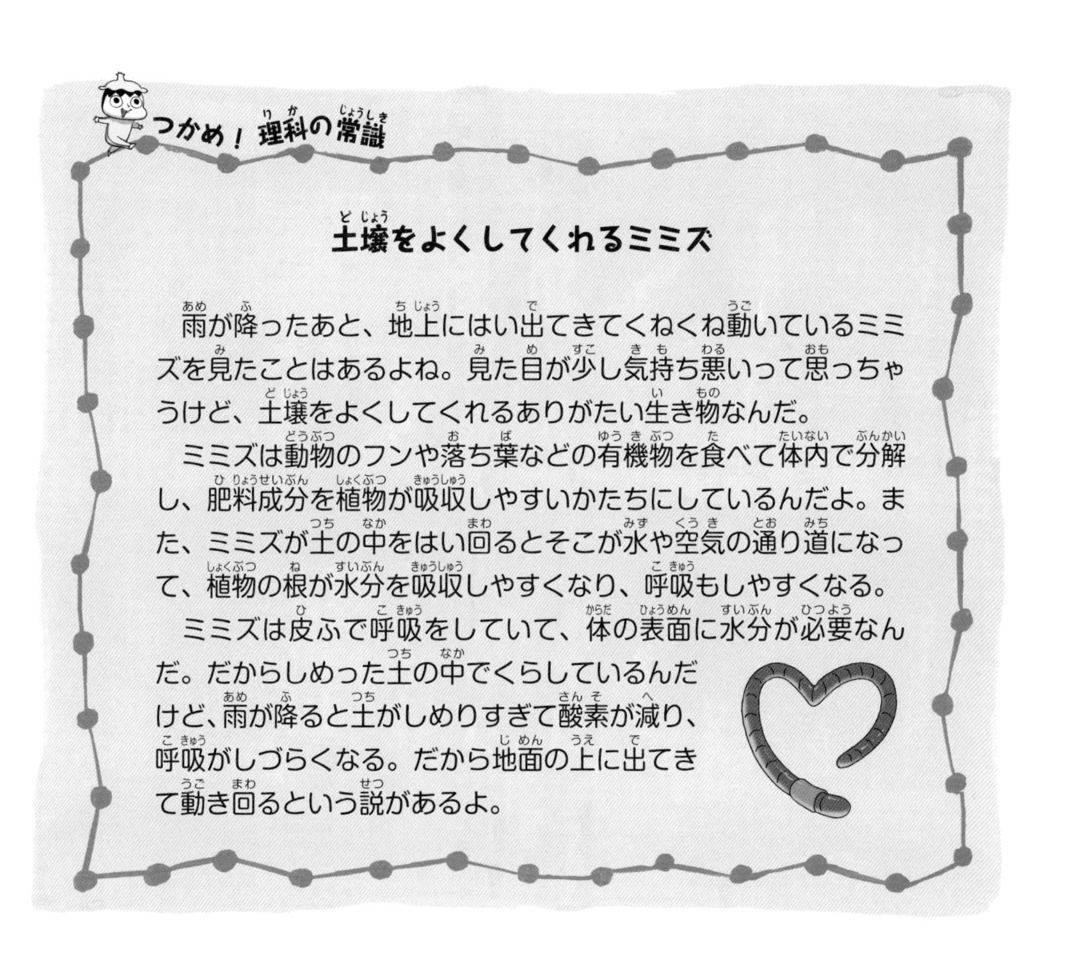

つかめ！ 理科の常識

土壌をよくしてくれるミミズ

雨が降ったあと、地上にはい出てきてくねくね動いているミミズを見たことはあるよね。見た目が少し気持ち悪いって思っちゃうけど、土壌をよくしてくれるありがたい生き物なんだ。

ミミズは動物のフンや落ち葉などの有機物を食べて体内で分解し、肥料成分を植物が吸収しやすいかたちにしているんだよ。また、ミミズが土の中をはい回るとそこが水や空気の通り道になって、植物の根が水分を吸収しやすくなり、呼吸もしやすくなる。

ミミズは皮ふで呼吸をしていて、体の表面に水分が必要なんだ。だからしめった土の中でくらしているんだけど、雨が降ると土がしめりすぎて酸素が減り、呼吸がしづらくなる。だから地面の上に出てきて動き回るという説があるよ。

カッコウはひどい!?

ほかの鳥の巣に卵を産む鳥がいる？

パタパタ

ギロッ

あっ！ あの鳥！ ほかの鳥の巣に入った！
パタッ

なにしてるんだ？
キョロ
キョロ

あっ！ ひとの巣に卵を産んでるよ！

あいつ ひとの巣に卵を産むなんて！

パタパタ

あっ！ほかの鳥の卵を持っていっちゃった！
なんて鳥だ！

あれはカッコウだな！
カッコウ？

鳥はふつう自分で巣をつくって卵をかえすけどカッコウはひとの巣に産むんだ
よろしく～

けど 巣をつくったパパとママがもどってきたらすぐにバレるよ！

卵の大きさが全然ちがうし！

どれどれ！
ひとつ ふたつ
みっつ よっつ！

あれ？
全然バレてない！
みんな無事ダ！
元気に育ってネ～！

そんなバカな！ カッコウが
持っていった卵は
どうなっちゃうの…！
しかも これがすべて
ではないんだ…！

カッコウの卵は
ほかの鳥の卵より
少し先にふ化して
一等賞！

ほかの卵やヒナを
巣から追い出して
しまうんだ！
ポイッ
ポイッ
どけどけ！
エイッ！

カッコウは巣をつくった親鳥より
ずっと大きいから エサをひとりじめ
しないと生き残れないんだよ！
おなかすいたぁ!!!
うちの子が
これほど食いしんぼう
だとは！

そんな！
どうして？

おい！
カッコウ!!
おまえって
ヤツは!!

カッコウめ！
なんて残こくなの!!
それは仕方のないことさ！
残こくかもしれないけど
カッコウは生き残りをかけて
そう進化してきたんだから！

待てよ！ あのミミズ
さっきの巨大ミミズ
じゃないのか？
てことは…

産むだけ産んで
あとは知らん顔で
ゆうゆうとミミズ
なんか食べて！
まあ落ち着け！
生態系とは
そういうもの
だから…

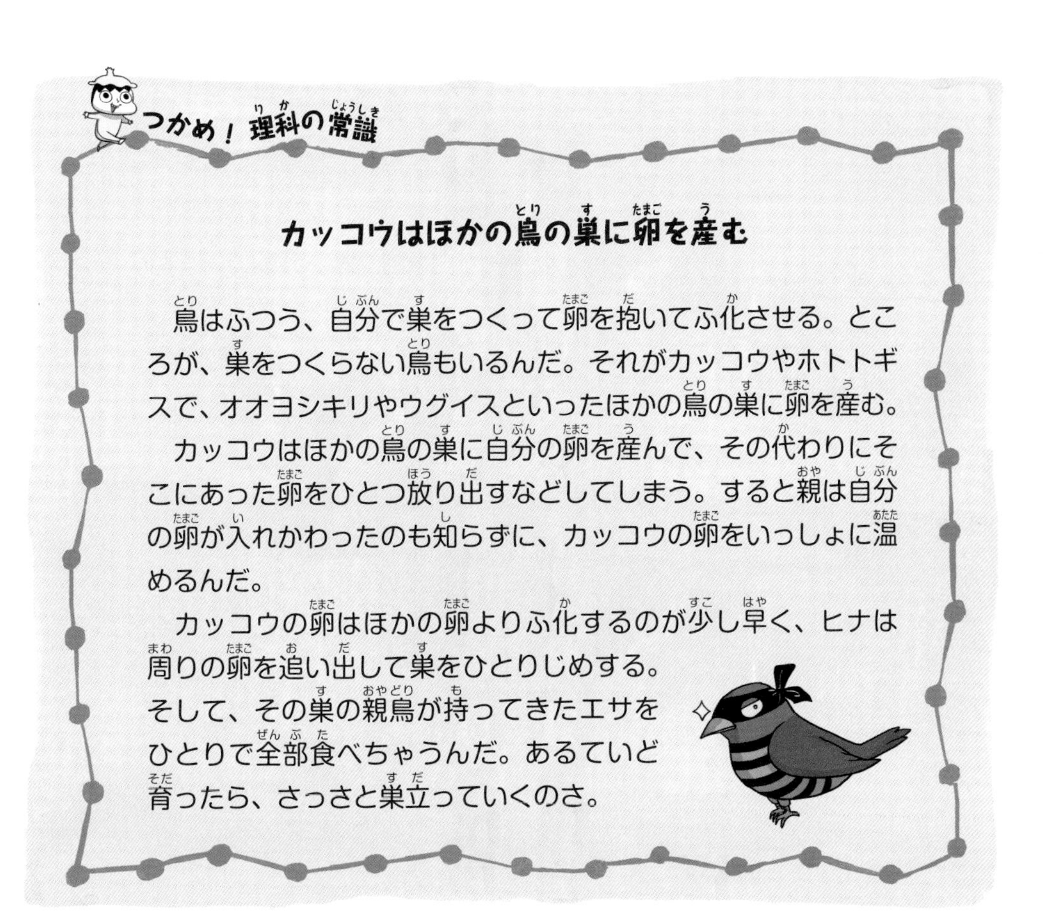

つかめ！理科の常識

カッコウはほかの鳥の巣に卵を産む

鳥はふつう、自分で巣をつくって卵を抱いてふ化させる。ところが、巣をつくらない鳥もいるんだ。それがカッコウやホトトギスで、オオヨシキリやウグイスといったほかの鳥の巣に卵を産む。

カッコウはほかの鳥の巣に自分の卵を産んで、その代わりにそこにあった卵をひとつ放り出すなどしてしまう。すると親は自分の卵が入れかわったのも知らずに、カッコウの卵をいっしょに温めるんだ。

カッコウの卵はほかの卵よりふ化するのが少し早く、ヒナは周りの卵を追い出して巣をひとりじめする。そして、その巣の親鳥が持ってきたエサをひとりで全部食べちゃうんだ。あるていど育ったら、さっさと巣立っていくのさ。

カッコウならではの子育て戦略

カッコウ、カッコウ！　山や森などでカッコウの鳴き声を聞いたことはあるかな。カッコウは鳴き声がキレイで有名だけど、じつはほかの鳥の巣に卵を産むことでも知られていて、独特な子育てをするんだ。

カッコウは自ら巣をつくることはなく、ほかの鳥の巣に卵を産んで、その巣の親に育てさせる。これを「托卵」といって、つまり卵を預けるという意味。ちょっとにくたらしいよな？　自分の卵がすりかわったのも知らずにカッコウの卵を育てる鳥には、オオヨシキリやモズ、ホオジロなどがいる。

カッコウは、まずは遠くから様子を見ていて、親鳥が巣を空けたすきにそこに飛んでいって卵を産む。そして、巣にあった卵をひとつ持っていってしまうんだ。もどってきた親鳥は、自分の卵がすりかえられたのも知らずにカッコウの卵をわが子のように育てるんだよ。

▲ ほかの鳥の巣に卵を産み、そこにあった卵をひとつ持っていく

◀ 先にふ化したカッコウのヒナは、ほかの卵を巣から放り出してしまう

カッコウのヒナは、ほかの親鳥がくわえてきたエサを食べる ▶

▲ ほかの鳥の巣に卵を産むために、様子を見ているカッコウの母鳥

▲ ほかの鳥の巣に産んだ卵。ほかの卵とかたちも大きさもちがう

▲ ほかの卵より先にふ化したカッコウのヒナ

▲ ほかの親鳥がくわえてきたエサを食べるカッコウのヒナ

そしてカッコウの卵は、ほかの鳥の卵よりふ化するのが少し早い。最初にふ化したカッコウのヒナは、ほかの卵を巣の外に放り出して巣をひとりじめするんだ。そして、大きな声で鳴いてエサをもらう。すると、その巣の親鳥はカッコウを自分の子だと思いこんで、エサを運んでくるよ。

カッコウはその巣の親鳥よりも体が大きくてたくさん食べるから、親鳥は必死になってエサを運んできてくれる。こうしてカッコウのヒナは、ほかの親が一生けん命くわえてきたエサを食べてどんどん成長するんだって。

というのも、カッコウはほかの鳥よりも体温を保つ能力が低く、夜になると体温が下がるので、自分で卵を温められないという事情があるみたいだよ。

10 死海(しかい)ってふしぎ！

泳(およ)がなくても体(からだ)が浮(う)く海(うみ)がある？

なんかあるって
なんなんだよ!?
ぐいっ
ぐいっ

うわっ!!

ド
空色の絶壁
だったのか!!
なんだこりゃ!?
空かと思ったら
ドン

キキィ
絶壁に突進する前に
止めて止めて!!
グリグリッ
ううう!!!

ハァ いきなり
絶壁だなんて
ツルツルして
登れもしないな！

登るだなんて！
船と食料はどうする
つもりよ!?
非常食はおまえが
しょって行けば
いいだろ！

おい！
あれを見ろ！

絶壁の間に
海水が流れてるぞ!!
ザブン

よかった！
抜け道がある
みたいだ！

ガクッ

ありゃ？ いきなり船のスピードが上がってないか？
そうみたい！急にせまくなったから水の流れが速くなったんだ！
もどりましょう！
ゴォ
ゴゴゴゴ
もうおそいよ！ いまさらあともどりはムリ！

うん？

シン！ 前はなにもないわよ!?
なんだって!?

うわあぁぁぁぁ!!!
どぼん
まさか先が滝になっていたとは…！
やれやれ みんなだいじょうぶ？

すると…ここは滝からの海水がたまってできた…
おやっ！あの渦はなんだ？

ジュリちゃんこれ食べて元気だして！
ありがとう！これでようやく生きてることを実感できそう！

ゴオォォォ
上から落ちる海水が
あそこに流れて
いるってことか？

あっ
ちょっと待って…！

どうしたの？
たぶん
ボクたちも…
あそこに
巻き込まれる
と思う！
はあ!!?

それは
大変じゃない!!
みんな こいで!!
ひぃぃぃぃ!!!

バッバッ
パッ
パッ
パッ
ちょっと待て!!
速すぎる！
このままだとあの
陸地にぶつかるわよ！
いま止まったら
また飲み込まれていくよ！
このまま突進〜!!

ビューン
ザブン
た 助かった！
ここはなに？
別の海？

しばらくして
一日中 果物ばっかり食べるわけにもいかないから魚でもつるか！

おかしいな!? まったく手ごたえがないぞ そっちはどうだ？
ぼくも全然食いつかない！

えっ？ 魚が全然いないだって？ てことは ひょっとすると…！

ピチャ

うえぇぇえっ!! しょっぱっ!! まるで死海みたいだ!!

シカイ？なにそれ？
死海はじつは海じゃなくて湖なんだよ！
塩分濃度が高すぎて生物が生きていけないから死海 つまり死の海と名づけられたんだ！

前に海がしょっぱい理由を説明した時に 海水1Ｌに約34ｇの塩が溶けてるって教えたよな？
うん！

ところが死海はふつうの海水の約10倍の塩分濃度なんだよ！
1Ｌの水に塩が約300ｇも入っているってこと！
ええっ？10倍!?

どういうこと？海水ってみんな同じじゃないの？

死海はかつて海水がたまってできたんだけど いまでは海水の出入りがない湖になっているんだ！
ボクたちがいまいるここも きっとそうした湖だよ

しかも ここの気候は
暑くてかんそうしてる！
まるで砂漠のようにな
するとここの
海水はどうなる？

蒸発するんじゃない⁉

そう 水は蒸発するけど
塩が蒸発することは
ないから
バイバイ！
どこ行くの？

塩がたまっていって とてつもない
量の塩が残ったんだよ！
う〜〜〜〜〜！ う〜〜〜〜〜！

あっ だから
生物がすめないって
ことなんだ！
ああ いても
ごく少数の
微生物くらいだな！

ふえん しょっぱすぎて
生き物がすめない
海だなんて！ 切ないね‼
いいや！

そんなことないぞ
死海が切ないだなんて！
どれだけ楽しいところか！
あっ！

兄ちゃん 泳げないでしょ！
また助けにいかないと
いけないじゃん！
ざぶん
そんなの全然
楽しくないってば!!

フッフッフ!!
プカ
プカ

あれ？ なんで急に
浮けるように
なったの？

フッフッ 死海の海水は
塩分濃度が高いため
ほかの海水よりずっと
重いんだ！
だから泳げ
なくても しぜんと
浮くんだよ！

わあ!! ホントだ〜！
じっとしてるだけで
浮いてる！
チャポン
だろ？

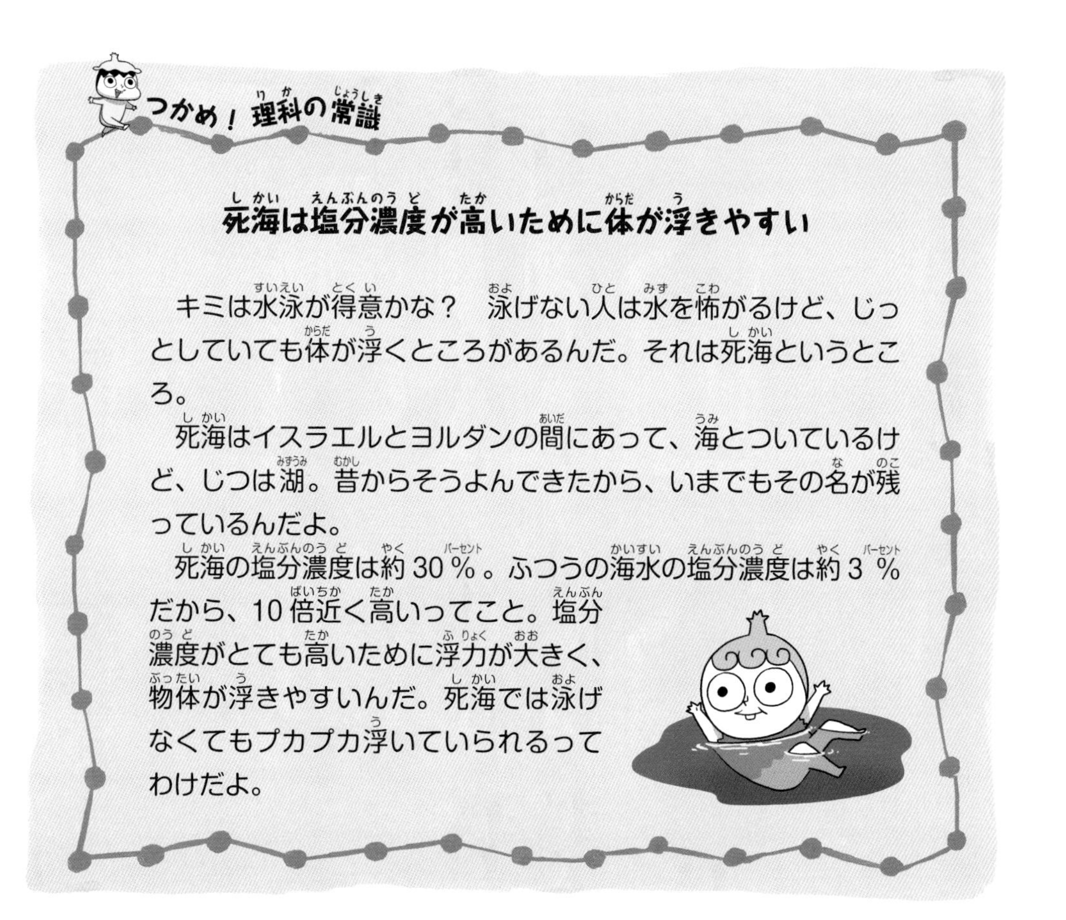

死海は塩分濃度が高いために体が浮きやすい

キミは水泳が得意かな？　泳げない人は水を怖がるけど、じっとしていても体が浮くところがあるんだ。それは死海というところ。

死海はイスラエルとヨルダンの間にあって、海とついているけど、じつは湖。昔からそうよんできたから、いまでもその名が残っているんだよ。

死海の塩分濃度は約 30 %。ふつうの海水の塩分濃度は約 3 %だから、10 倍近く高いってこと。塩分濃度がとても高いために浮力が大きく、物体が浮きやすいんだ。死海では泳げなくてもプカプカ浮いていられるってわけだよ。

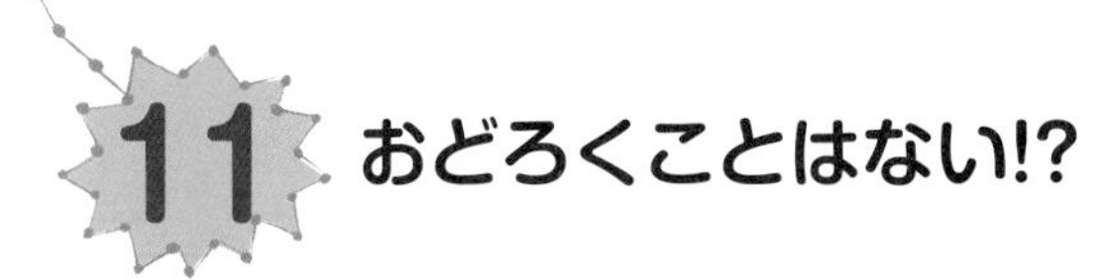

11 おどろくことはない!?

砂漠（さばく）ってどうしてできるの？

ヤッホ〜！久しぶりの地面だぞ〜！
ここからは陸地を移動することになりそうだな

うん！ちょうど船にあきたところだから歩いて行こう!!

でも船はどうするの？置いていくつもり？
そういうわけにはいかないよ！

あの丘を越えたらきっとまた海に出るはずだから船も運ばないと！

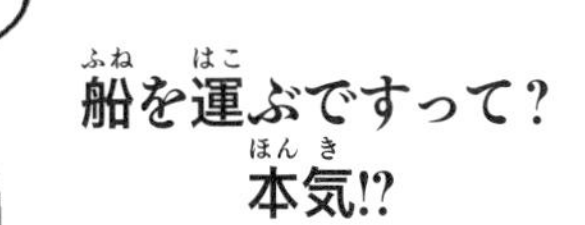

船を運ぶですって？
本気!?
丘の向こうまで運ぶなんて いくらなんでもムリよ!!

心配するなって！

この船はタイヤを取りつけられるんだよ！
パパの車からちょっと拝借してきた！
ゴロッ
あら！ それならみんなで力を合わせればいけそうね！

さっそく やってみよう！
グリッ
グリッ

てか…どうせタイヤ持ってくるんだったらエンジンも持ってきたらよかったじゃないか！

ここは暑いから
急いで脱出するわよ!!
ごちゃごちゃ言ってないで
とっとと動いてちょうだい！
エンジンまで持ってきたら
重すぎて船がしずんじゃうよ
きっと！
ひいん！

よいしょっ
さあ 引っぱれ!!!
よいしょっ
ゴロ
ゴロ
ゴロ
ようし！ もうすぐだ
みんなガンバるぞ！
ハア
ハア

パッ
おっとっとっと!!
着いたぞ!!!

なんてことだ…？
はあ きつかった!!
お兄ちゃん 海見える？
……！
なんだ？
どうかしたか？

ギラ
ギラ
ひょえ～～ずっと砂漠…!?

北回帰線
赤道
南回帰線
おかしいな！砂漠はふつう南・北回帰線の近くや大陸の内部の地域にできるものなのに…

赤道
たとえば
サハラ砂漠は赤道で
発生した雨雲が北回帰線
近くに移動する間に暑くて
かんそうした空気に
なってできて…
赤道付近で
しっ気をたっぷり
ふくんだ空気が
上昇する
ザァー
高く上昇すると
温度が下がって
しっ気はすべて雨となる
南・北回帰線
しっ気がなくなり
かんそうした空気が
南・北回帰線に
たどり着く
南・北回帰線付近で
かんそうした空気が下降する
そのために雨が降らず砂漠になる

ゴビ砂漠や
タクラマカン砂漠は
海から遠くはなれた大陸の
内部に
どなたか…
水を持ってる方…？
ガラン
ああ
さびしいな！
雨が降らないことで
できた砂漠で…

ううむ！流されて
変なところに
たどり着いたのかな？

兄ちゃん でもここは
まちがいなく砂漠だよ！

うちの家ほどの
カッコウだって
いたんだから
まあ よく考えたら
人より大きいミミズや

ここが砂漠だとしても
それほどおどろく
ことでもないよな？
アハハハハ!!

そうよ！ これから先なにに
出くわそうと心配ないわよ！
どうせマンガなんだから!!

うん！『理科ダマン』の
作者たちのやりそうな
ことじゃない!?

ビューーン
これですっきりした！
ということで
砂漠に突進だぁ!!

つかめ！理科の常識

砂漠は雨が降らず、かんそうしてできる

テレビや本などで砂漠を見たことはあるよね。砂漠は砂や岩、石でおおわれていて、草もほとんど生えないようなところなんだ。でも、砂漠ってどうしてできるんだろうな。

ほとんどの砂漠は、南北の回帰線の近くや大陸の内部の地域にある。赤道付近であたためられ上昇した空気は、上空で冷やされ雨を降らせる。この空気が亜熱帯地方に下降するんだけど、水分を失ってかんそうしていて、また空気は下降するにつれて熱せられるため、回帰線付近では雨が降らず、かんそうした風だけがふいて砂漠になるというわけ。

また、大陸の内部の地域は、海から遠くてしっ気がないため、雨が降らず砂漠になるんだよ。

12 起こしてすみません！

冬眠じゃなく夏眠をする動物がいる？

ジュリちゃん！
ぼくもお水…！
ガブ
ガブ
ガブ
ジュリ 水は
あとどれくらい
残ってるんだ？
さあ…

口が小さくて
よく見えないん
だけど…！
重さで
わかるだろ！

だったら持ち上げて
みればいいわね
ちょっと待て!!

フタをしないと
こぼれるだろ!!
ザーッ
あっ
そうだった!!

ああ!! お水 お水!!!
もったいない!!
ザバーッ
こぼれた水は
どうにもならん
あきらめろ!
ぐにゅっ
えっ? 砂漠の砂の中に
いるのって…
まさかサソリ?
うげぇ! なんか
ぐにゃってしたぁ!

あら
なんか動いてる！
硬くはなかったよ！グミみたいにぐにゃって…！
もぞ もぞ

あっ！ あれは!?

パッ

えっ？ 砂漠にカエル？
カエルだ！砂漠にすむカエルだよ!!
……？
ドン

砂漠は生き物がすみにくいって思われがちだけど 砂漠にすむ生き物は意外と多いんだよ！
ラクダ フェネック トビネズミ トカゲ ヘビ サソリ それにムカデなんかも！

きっと夏眠から目覚めたばっかりでぼうっとしてるんだよ！
キョロキョロ
かみん？
？
？？
このコ いま なにしてるの？
そして カエルもふくまれる！

カエルは水不足になって 猛暑の夏は砂の中にもぐって数か月も夏眠するんだよ！
ああ 砂漠には雨がほとんど降らないから
雨が降ったら目を覚まして外に出てくるんだけど…

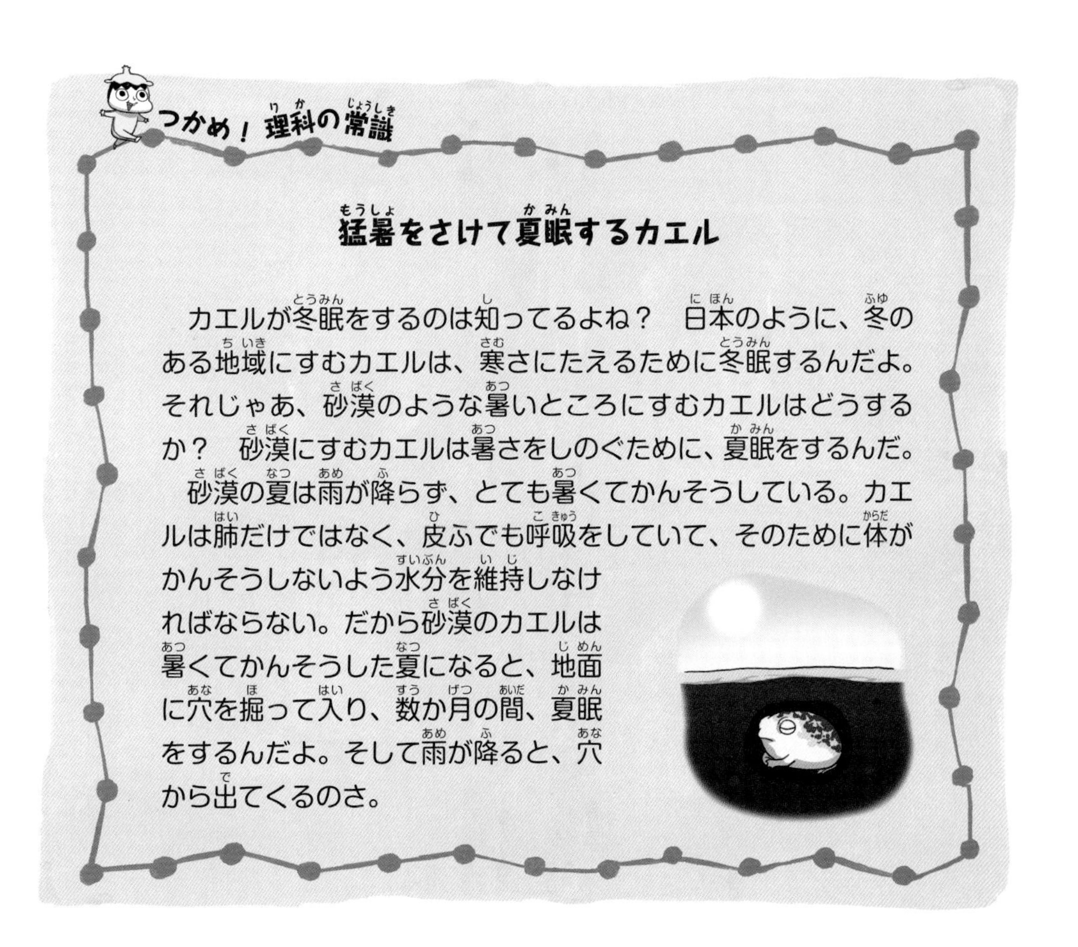

猛暑をさけて夏眠するカエル

カエルが冬眠をするのは知ってるよね？　日本のように、冬のある地域にすむカエルは、寒さにたえるために冬眠するんだよ。それじゃあ、砂漠のような暑いところにすむカエルはどうするか？　砂漠にすむカエルは暑さをしのぐために、夏眠をするんだ。

砂漠の夏は雨が降らず、とても暑くてかんそうしている。カエルは肺だけではなく、皮ふでも呼吸をしていて、そのために体がかんそうしないよう水分を維持しなければならない。だから砂漠のカエルは暑くてかんそうした夏になると、地面に穴を掘って入り、数か月の間、夏眠をするんだよ。そして雨が降ると、穴から出てくるのさ。

13 ラクダの恩返し

ラクダの背中にはどうしてコブがあるの？

みんな こんな軽(かる)いので
ひぃひぃ言(い)ってるわけ？
ったく!!

どこに
つながってるんだ？

ごくっ
うん？ なんだそれ？
なにをくわえてるんだ？
ごくっ

まさか…!!
ま…

おい…!
水を全部飲んじまったら
オレたち
どうするんだよ!?
がらん

だって みんな全然
役に立たないんだもん!
船だってあたしひとりで
運んでるようなもんでしょ!
ワンオペだから
力をつけて
おかないと!
そ…それは
そうだな!

けど…これから
どうする?

残りの水だけじゃ
全然足りないぞ…
あっ! 兄ちゃん!
ここにもおかしな
動物がいるよ!

えっ？ でもどうして
コブがないの？
は？
ラクダじゃないか

子どもの時はコブが小さく
成長するにつれて
大きくなるんだよ！

そうよ！
ラクダならコブがあるはず！
お水がたっぷり入ったコブ！

ええっ？ 脂肪!?
それに コブに入って
いるのは水じゃないぞ！
コブには脂肪が
つまってるんだよ！
ぶよぶよ

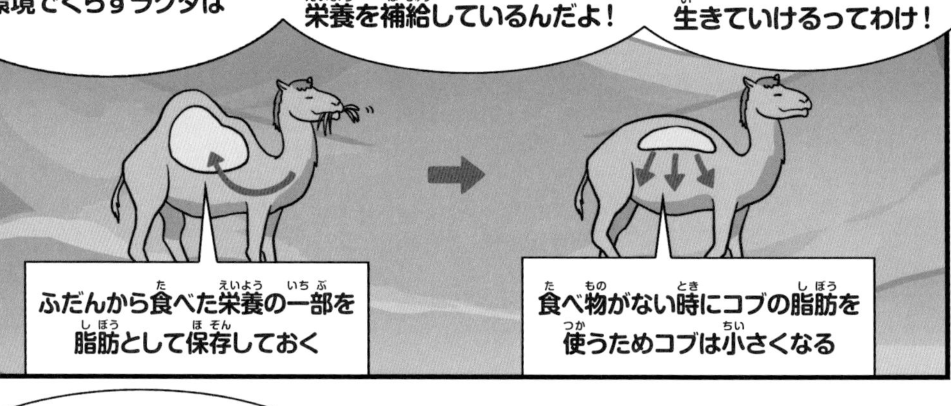

ふえん 子どものラクダにも脂肪があったら おなかが減った時に使えるのに

そしたらこの子だってこんなに苦労していないはずだよ！

子どもはいつでも母親のお乳が飲めるから 脂肪をたくわえておく必要がないんだよ！

ぐすん！

かわいそうだけど
母親とはぐれたらそれほど
長く生きられない それが
野生のきびしい
おきてって…
ごく
ごく

うん？

シクシク！
かわいそうで見てられないよ
お水でも飲んで…！
ごっくん
ごっくん
ごっくん
おい!!
なに
してるんだよ!?

本当だ！
もう空だ！
どうするんだよ！
最後の飲み水
だったのに!!
おい！ ラクダがどれだけ
水を飲む動物か
知ってるのか!?
がぶ
がぶ
100 L
がぶ
1回に100 L 以上も
飲むんだぞ!!

けど
ぼくたちにもぜい肉が
あるから…！
そうそう！
人とラクダはちがうだろ!?
人は砂漠ではたえられないの!!

もうおしまいだぁ!!
ピョン

うえ～ん！
うえ～ん!!
ピョン
ピョン

あっ！ラクダの子が
家族を連れてきてくれた！
わあ！ラクダの
パパとママ最高!!

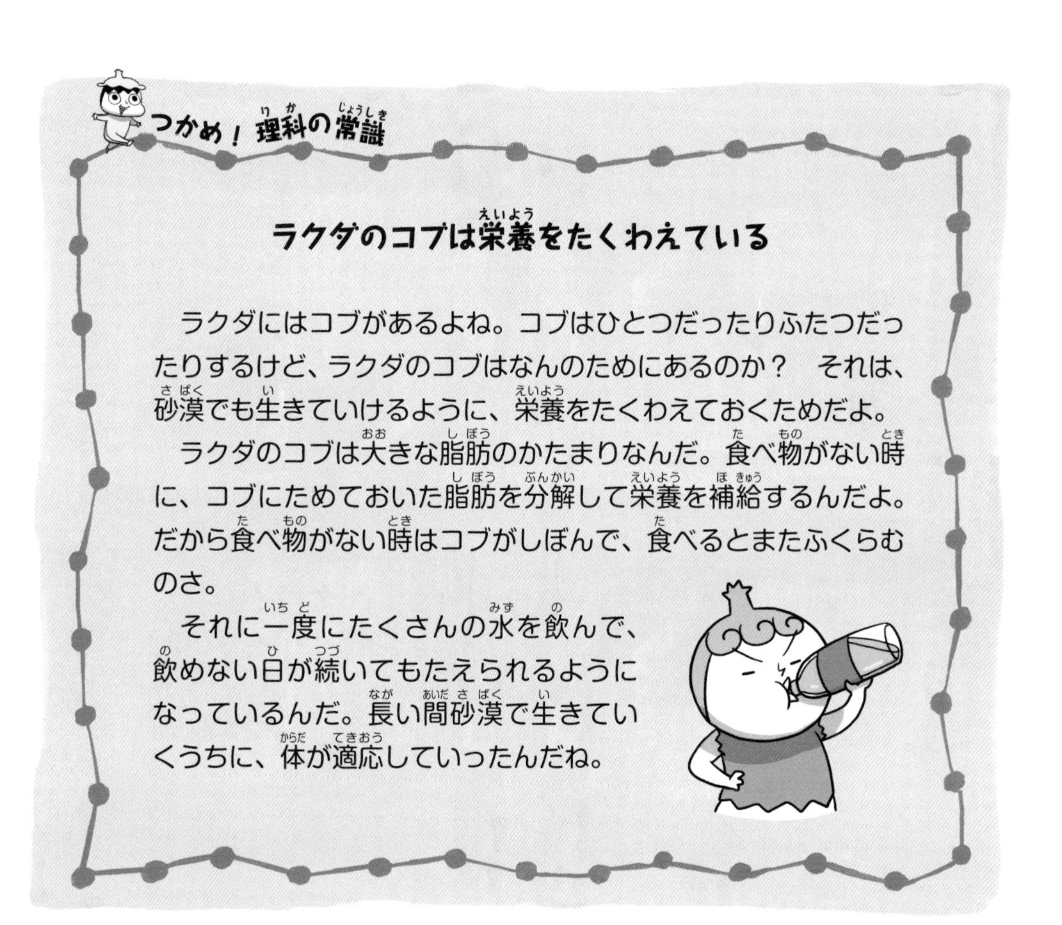

つかめ！理科の常識

ラクダのコブは栄養をたくわえている

ラクダにはコブがあるよね。コブはひとつだったりふたつだったりするけど、ラクダのコブはなんのためにあるのか？　それは、砂漠でも生きていけるように、栄養をたくわえておくためだよ。

ラクダのコブは大きな脂肪のかたまりなんだ。食べ物がない時に、コブにためておいた脂肪を分解して栄養を補給するんだよ。だから食べ物がない時はコブがしぼんで、食べるとまたふくらむのさ。

それに一度にたくさんの水を飲んで、飲めない日が続いてもたえられるようになっているんだ。長い間砂漠で生きていくうちに、体が適応していったんだね。

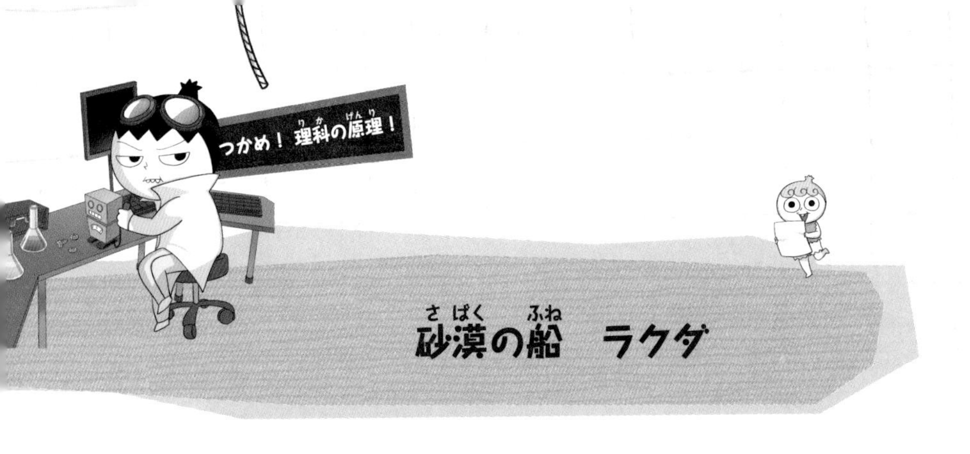

砂漠の船　ラクダ

ラクダの背中に荷物をのせて、砂漠を旅する人たちの姿をテレビなどで見たことはないかな。砂漠を行き来する人々にとって、ラクダはとても便利な交通手段なんだ。ラクダは「砂漠の船」ともよばれている。背中のコブに脂肪をたくわえているから、長い間食べ物を食べなくてもだいじょうぶだって言ったよな。ここでは、ラクダについてもう少しくわしく見てみよう。

ラクダにはコブがひとつのヒトコブラクダと、コブがふたつのフタコブラクダの２種類がある。ヒトコブラクダはおもにアフリカから西アジアに生息していて、体毛は短い。フタコブラクダは中国やモンゴルに生息していて、毛が太くて長いから寒さにも強いんだ。

▲ 砂漠を渡るラクダ

▲ ヒトコブラクダ

▲ フタコブラクダ

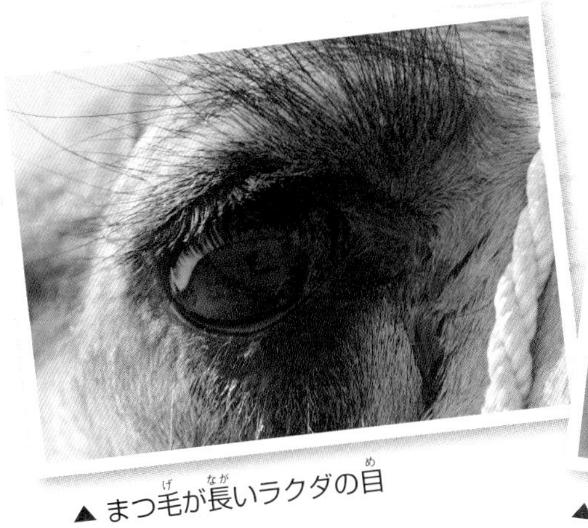

▲ まつ毛が長いラクダの目

▲ ラクダの鼻は開閉自在

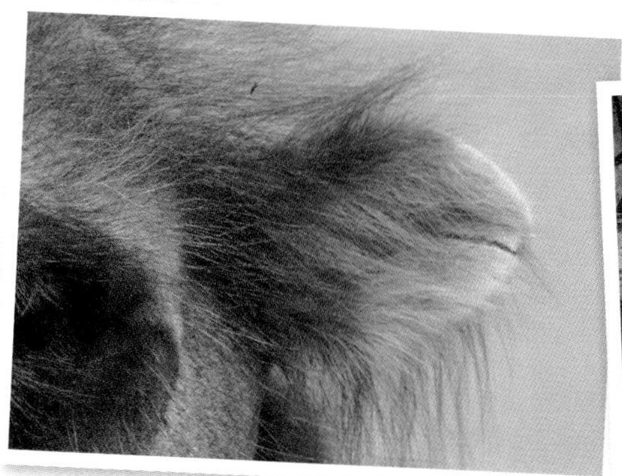

▲ 長い毛が生えているラクダの耳

▲ オアシスで水を飲むラクダ

ラクダは長い間砂漠でくらすうちに、砂漠に適した体になっていった。背中に栄養を保存できるコブがあることや、長い間水を飲まなくてもたえられること以外にも特徴がある。まず、上下に開くまぶたの下に、水平方向に動く第3のまぶたを持ち、それぞれに長いまつ毛がついているので、目に砂が入りにくい。鼻も砂が中に入らないように、穴を閉じたり開いたり自在にできるようになっている。耳にも長い毛が生えていて、砂が中に入るのを防いでくれる。それからラクダは嗅覚が発達していて、数㎞先のにおいもわかるんだ。あと、海水よりも塩分濃度の濃い塩水も飲むことができるんだって。

ラクダは馬より速くはないけれど、このように砂漠に適応しているため、人が砂漠で生きていくうえで欠かせない存在になったんだ。

14 クジラが水面に上がってきた！

クジラって哺乳類なの？

わっ！だんだん大きくなってる！
船の下にもぐられたら危険だから 進路を変えるぞ！しっかりつかまって!!

プシュー
うわぁぁぁ!!

危ないとこだった！クジラがなにをしたの？どうして水面に上がってお水をはき出したの？
ザブン
息つぎしたのよ！
えっ!? クジラは水中で呼吸ができないの？

うん
クジラはおいしい魚…
おっとちがった
魚類じゃないの！

クジラは牛や豚のような
精肉…じゃなかった
哺乳類なの！

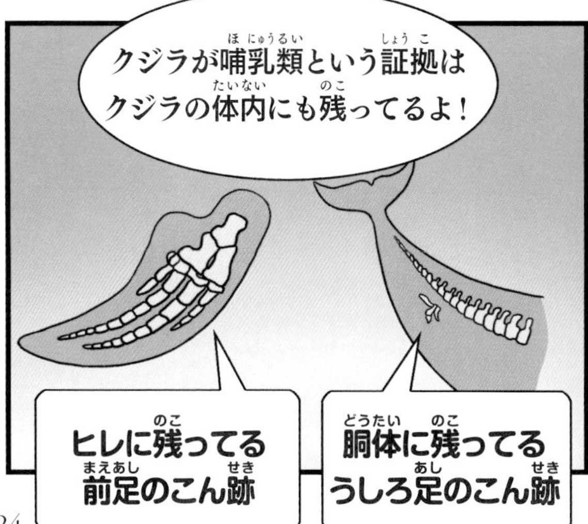

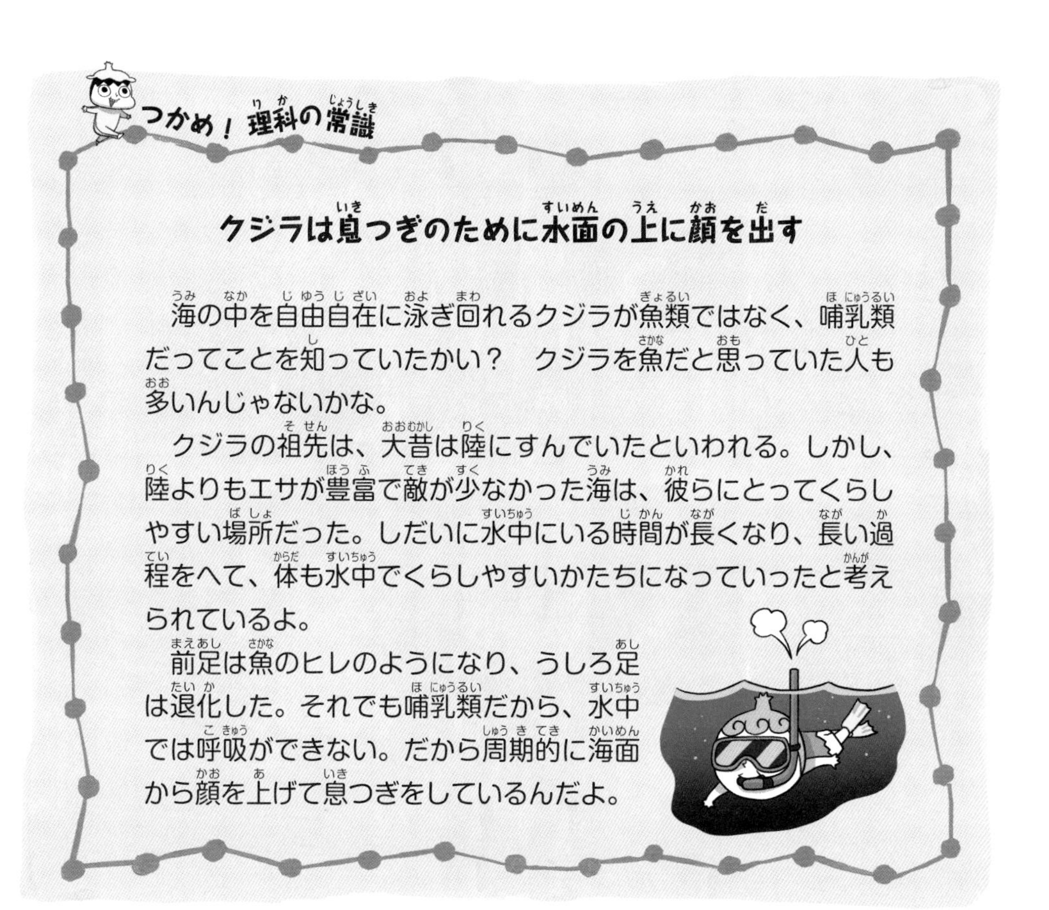

つかめ！理科の常識

クジラは息つぎのために水面の上に顔を出す

海の中を自由自在に泳ぎ回れるクジラが魚類ではなく、哺乳類だってことを知っていたかい？　クジラを魚だと思っていた人も多いんじゃないかな。

クジラの祖先は、大昔は陸にすんでいたといわれる。しかし、陸よりもエサが豊富で敵が少なかった海は、彼らにとってくらしやすい場所だった。しだいに水中にいる時間が長くなり、長い過程をへて、体も水中でくらしやすいかたちになっていったと考えられているよ。

前足は魚のヒレのようになり、うしろ足は退化した。それでも哺乳類だから、水中では呼吸ができない。だから周期的に海面から顔を上げて息つぎをしているんだよ。

15 マンマちょうだい！

クジラの母乳のあげ方は？

つかめ！ 理科の常識

クジラはどうやって赤ちゃんに母乳をあげる？

クジラは哺乳類で、水中では呼吸ができないから、一定の時間になると水面に上がってきて顔を出して息つぎをする。そして、赤んぼうを産んで母乳を飲ませて育てる。じゃあ、どうやって乳を飲ませているのか？

クジラのおっぱいは尾びれ近くの下腹にある。赤ちゃんクジラは水中で乳を飲むことも多いけど、母クジラが水面近くに上がって、赤ちゃんクジラが息つぎと乳を吸うのとを交互にくり返せるようにすることもあるよ。赤ちゃんクジラがうまくおっぱいを吸えるよう、お母さんは工夫しているんだね。

16 ついにグレートランドに到着（とうちゃく）！

ライオンはゾウのウンチが好（す）き？

えっゾウ!? あたし
ゾウ大好き！
いっしょに見に
行ってみよう！
おい！ 先に荷物を
運ばないと！

ビューン
ゾウだけ見てすぐに
もどってくる！

あの子たち すぐもどるって
言ってたのにどこへ…

ギュッ
スッ
ガシッ

きゃあああ!!
うわあぁぁ!!
ぎょえ!!!
なんなのよ!?
シッ！ 静かにして！ 見つかったら大変なことになる!!
見つかったら？ いったいなにに？
ライオンがいるの!!
ライオン!!
ぬっ

なんでゾウとライオンが
こんなにウロウロ
してるのよ？
のっし
のっし
風向きが変わったら
ライオンににおいを
かぎつけられるかも
しれないから！
ひとまず
あっちに行くわよ!!
ササッ
のそ
のそ
そうしよう！
おや？
岩かな？
ふ～！ ここまで
来たら安心だよな？

うわあああああ!!!
アッツッツッツ!!!
び
ちゃ

ブリッ

のっし
のっし
うわっ!! ライオンの
むれまで!!?

なにそれ！
近くに来ないで！
ひえぇぇぇぇ!!

はあ??
…まさか
ゾウのフンが
目当てってこと？

チュッ
うん？
ぐあああ!!

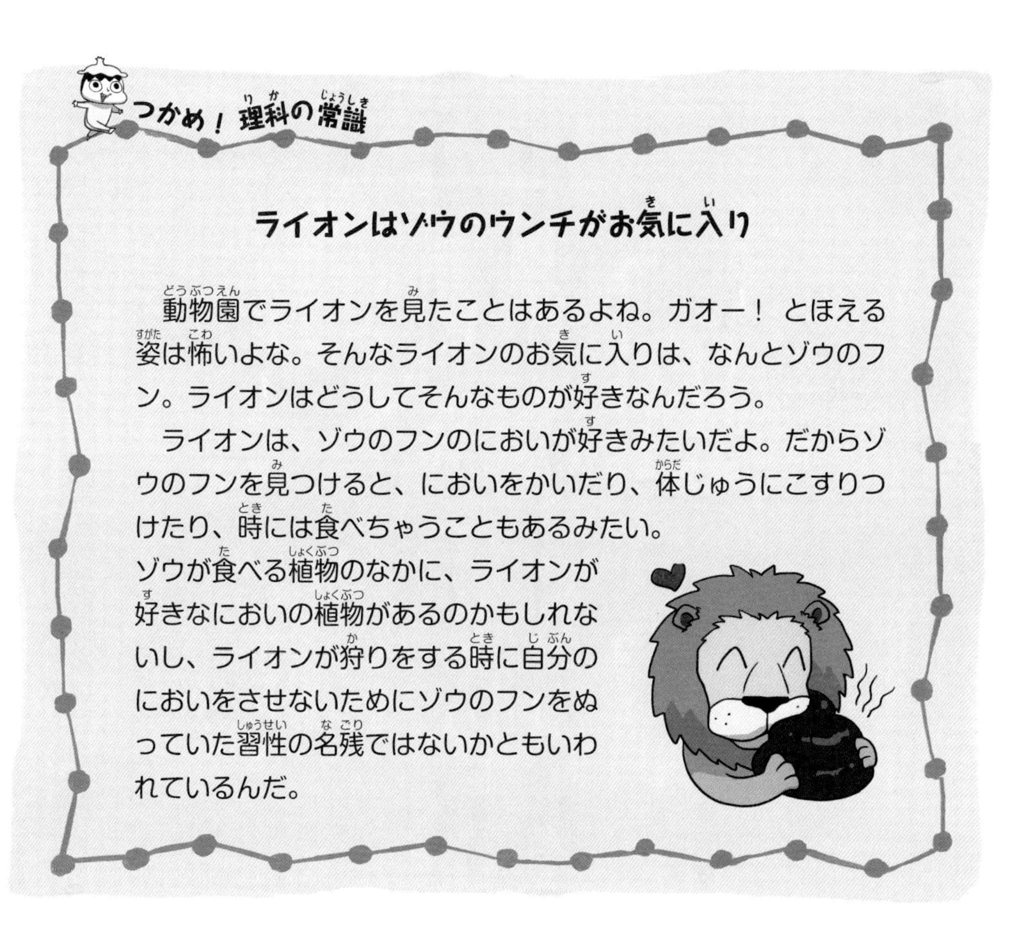

ライオンはゾウのウンチがお気に入り

動物園でライオンを見たことはあるよね。ガオー！ とほえる姿は怖いよな。そんなライオンのお気に入りは、なんとゾウのフン。ライオンはどうしてそんなものが好きなんだろう。

ライオンは、ゾウのフンのにおいが好きみたいだよ。だからゾウのフンを見つけると、においをかいだり、体じゅうにこすりつけたり、時には食べちゃうこともあるみたい。
ゾウが食べる植物のなかに、ライオンが好きなにおいの植物があるのかもしれないし、ライオンが狩りをする時に自分のにおいをさせないためにゾウのフンをぬっていた習性の名残ではないかともいわれているんだ。

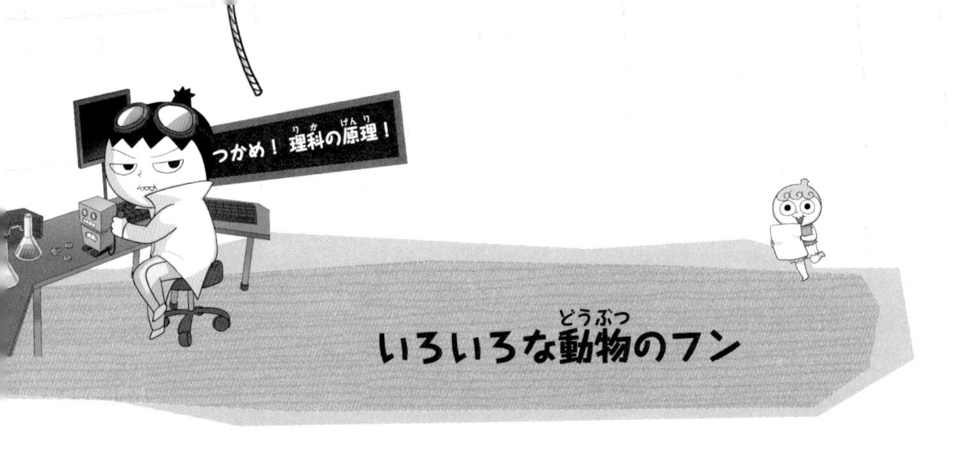

いろいろな動物のフン

百獣の王といわれるライオンがゾウのフンを好きだなんて、ふしぎなこともあるよな。動物園でもライオンがゾウのフン好きであることを活用して、ライオンの元気がない時などに、ゾウのフンを持っていってあげたりもするんだって。するとライオンはよろこぶらしいよ。

ライオンがゾウのフンを好きな理由は明らかにはなっていないけど、さまざまな推測があるそうだ。フンからライオンの好きなにおいがするからだとか、狩りをする時にライオン独特のにおいを消すためにゾウのフンを体にぬっていた習性が残っているからなど。狩りのためにゾウのフンをぬるのは合理的だったんだろうな。ゾウは大量にフンをするから、体じゅうにぬるのにじゅうぶんな量だったろうし、ゾウは草食動物でほかの動物を食べたりしないから、みんな油断しただろうしね。

▲ 百獣の王ライオン

▲ フンをするゾウ

▲ ゾウのフンを体にこすりつけているライオンの子ども

▲ゾウの大きなフン

▲ラクダのフン

▲牛のフン

▲馬のフン

ほかの動物のフンについても調べてみよう。

フンは、動物の種類によってそれぞれちがう。食べているエサや消化器官がちがうから、出てくるフンのかたちや量がちがうのも当然だよな。だから動物を研究している学者は、フンを見ただけでどの動物のフンだかわかるんだって。さらにその動物がなにを食べたか、健康状態はどうかということまでわかるらしいよ。

動物のフンは人間に役立つこともあるんだぞ。ゾウのフンは火を起こす時のたきぎの代わりになったり、家の壁に使われたりもする。それに肥料や紙の原料などとしても使われる。ラクダや馬のフンも同じように肥料やたきぎとして使われて、とくに馬のフンは肥料によく使われるんだって。動物のフンはじつは、いろいろなところで使われているんだね。

17 怖くないのに！

ヘビに足がないわけは？

なんだろう
このあな!?

おや？

中にすごい宝が
あったりして！
ネズミの
通り道？
深そうだけど
あらま！
ドアまで黄金よ！

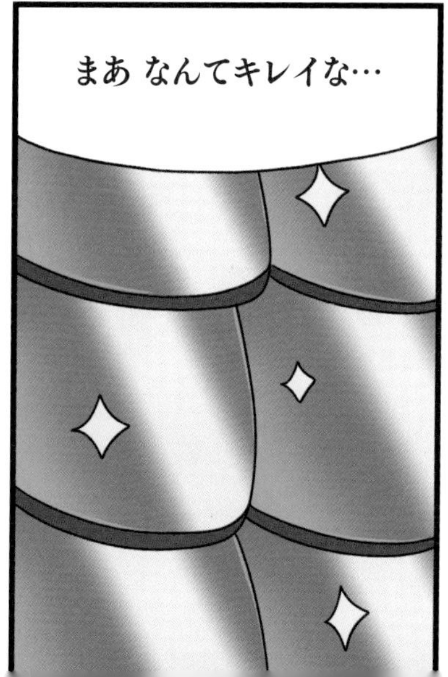
まあ なんてキレイな…

ギィィ
ちょっとだけのぞかせて
もらおうかしら？

ウロコ!!?
シャー!!!
きゃあぁぁぁぁ!!!
ここを開けてしまったとは！この島にはネズミが多く食料を守るためにヘビをかっているんです！
助けて！このヘビ早くどうにかしてぇ!!
巣を開けてしまったからヘビがおどろいているんですよ！

なあグゥ ヘビって昔は足があったの知ってるか？
えっ そうなの？

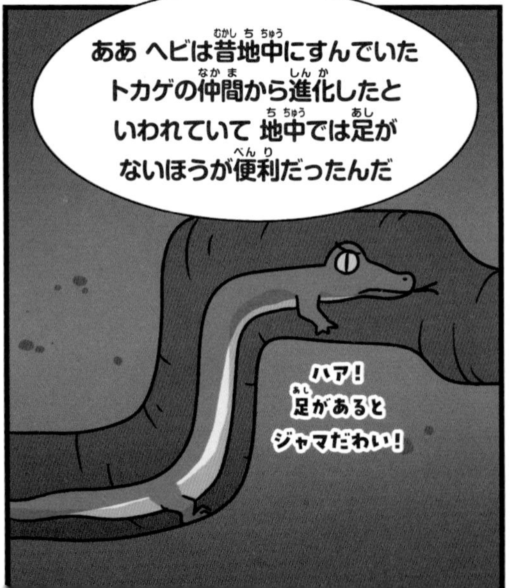
ああ ヘビは昔地中にすんでいたトカゲの仲間から進化したといわれていて 地中では足がないほうが便利だったんだ
ハア！足があるとジャマだわい！

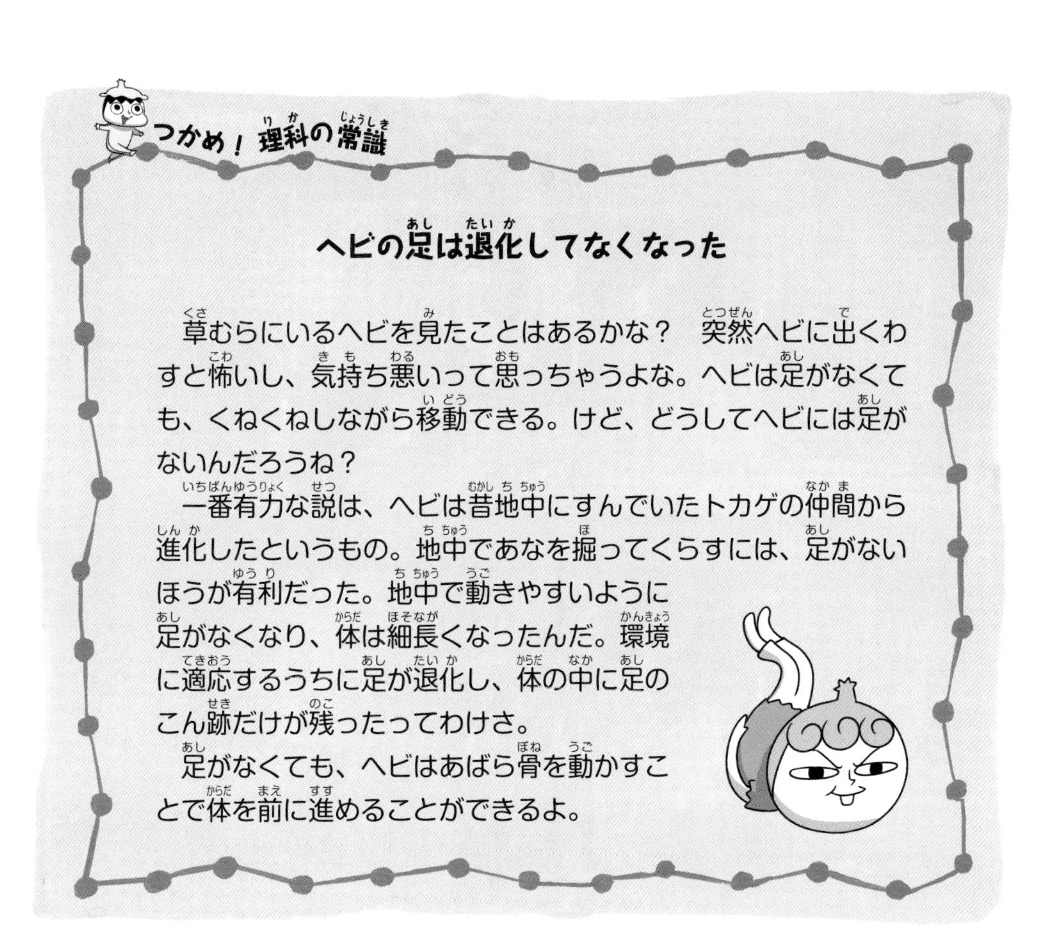

つかめ！ 理科の常識

ヘビの足は退化してなくなった

　草むらにいるヘビを見たことはあるかな？　突然ヘビに出くわすと怖いし、気持ち悪いって思っちゃうよな。ヘビは足がなくても、くねくねしながら移動できる。けど、どうしてヘビには足がないんだろうね？

　一番有力な説は、ヘビは昔地中にすんでいたトカゲの仲間から進化したというもの。地中であなを掘ってくらすには、足がないほうが有利だった。地中で動きやすいように足がなくなり、体は細長くなったんだ。環境に適応するうちに足が退化し、体の中に足のこん跡だけが残ったってわけさ。

　足がなくても、ヘビはあばら骨を動かすことで体を前に進めることができるよ。

18 うちへ帰ろう！

大昔、世界はひとつの大陸だった？

ギギギィ
たしかに グレート部族の石門を開けられた時点で花嫁の資格はあるが！
ではジュリさん結婚式はいつにいたしましょう
はい？ 結婚式ってなんのことですか？

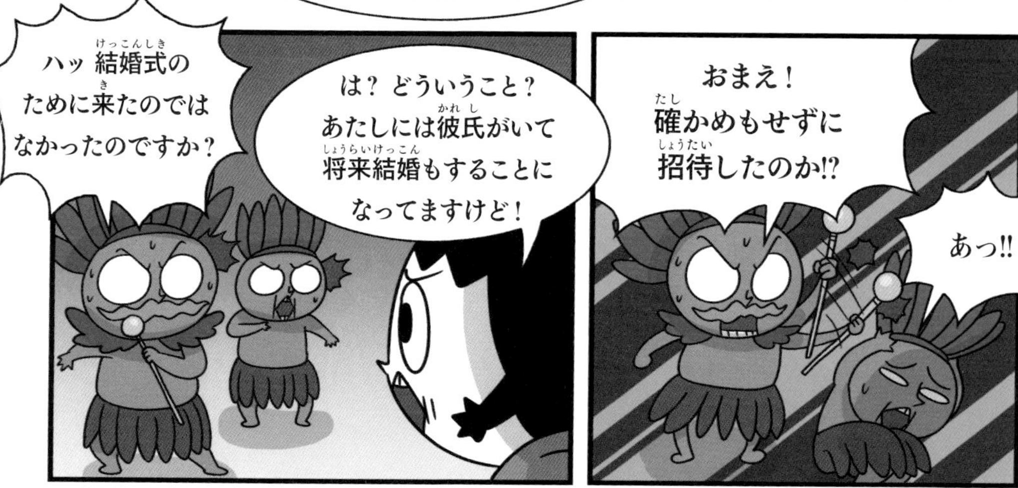
ハッ 結婚式のために来たのではなかったのですか？
は？ どういうこと？ あたしには彼氏がいて将来結婚もすることになってますけど！
おまえ！ 確かめもせずに招待したのか!?
あっ!!

これはこれは わざわざ遠くまでお越しいただいたのに…！
大変失礼いたしました！ どうかお許しください せっかくですから心ゆくまで島でおくつろぎください！
あ…はい…！

わっ！またゾウに
フンをされたぁ!!

そこでですが… ここに
来るために家を解体して
船にしてしまったもので…
多少の援助を
お願いでき
ませんか…？

この1週間 大変お世話に
なりました！ そろそろ
失礼しようと思いまして…

ハッハッハ! よーくわかりました こちらの不手際でしたので わが部族の宝をさしあげましょう!
では こちらへ!
さすがは首長! 話が早いわ～ オホホ!

さあ こちらです ここにわが部族の宝が保管されております!

あの石こそ わが部族の宝!
ピカ
ピカ
オー! なんて神秘的な輝き!

ワタシのひいおばあさんは部族一の戦士であり探検家でした 全世界を探検するなかで多くの発見をしました!
そんなある日 ドイツの学者ウェゲナーに出会いました
ウェゲナーってだれ?
ウェゲナーは大陸移動説を主張した気象学者だよ

では…この石が大陸移動説の 証拠ということですか？

いいえ これは単に キレイだから持ち帰った そのへんに落ちていた ただの石ころです！

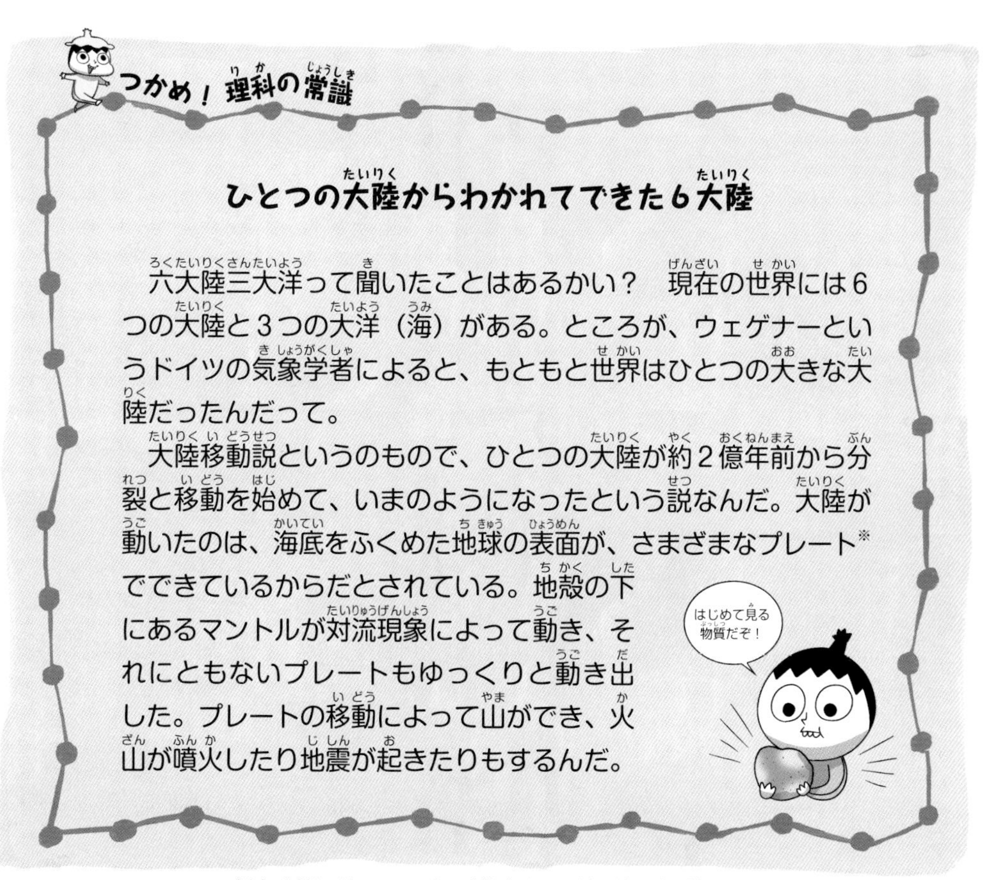

つかめ！理科の常識

ひとつの大陸からわかれてできた6大陸

六大陸三大洋って聞いたことはあるかい？　現在の世界には6つの大陸と3つの大洋（海）がある。ところが、ウェゲナーというドイツの気象学者によると、もともと世界はひとつの大きな大陸だったんだって。

大陸移動説というのもので、ひとつの大陸が約2億年前から分裂と移動を始めて、いまのようになったという説なんだ。大陸が動いたのは、海底をふくめた地球の表面が、さまざまなプレート※でできているからだとされている。地殻の下にあるマントルが対流現象によって動き、それにともないプレートもゆっくりと動き出した。プレートの移動によって山ができ、火山が噴火したり地震が起きたりもするんだ。

※プレート…地球の表面を覆っている厚さ何十㎞にも及ぶ固い岩の層

19 アリスはシンに目がない！

目はどうしてふたつなの？

おかげで花粉の多い日に自転車で出かけても
片目はガードできたんだけどね
ゲホゲホ!!
ゲホッ！

そんな日にわざわざ自転車に乗ることもないでしょうに!!

うわっ!!

このレンズはなんなんだ？
パッ

あんなところにヘソクリが!!
ピ
ピッ
ピッ
ピ
ピピッ

変なのばっかりつくってないで 早く眼科に行ってきなさい！
ふえ〜ん！
は〜い！
グシャッ

なんですって？ シンが眼科に行くですって？

スッ

いますぐ
ヘリコプターで迎えに行くから
うちのリビングに
ある総合病院に運び…
いいよ 片目だけだし
近所の眼科に行くって

そう？ なら
仕方がないけど！
それよりも約束
守ってよね？
わかってるわよ 牛肉48 kg
送っておくわ！ これからも
シンの情報よろしくね！
サンキュー♡
落ち着けですって!?
シンがつらい思いを
していると いうのに！
アリスさま
落ち着いて
ください！
そわ
そわ
がぶっ
シンさまの
片目が使えない
ということは…
むしろ
好都合では！
ピンキー！
お仕置きよ！
ひいいいいい!!

シンが大変な時に
好都合とは
ひどすぎるわよ!!
そ そうではなくて！
わたしの話を
聞いてください！

シンさまの片目がふさがって
いるということは距離感が
つかめない状態のはず！

距離感がつかめなくて
どうして都合がいいのよ

つまずきやすくなっているはず！
そんな時に もしもアリスさまが
おそばにいらしたら…
シン
だいじょうぶ？
うっ
距離感が…！

アリス 君がいてくれて
助かるよ!!

いますぐ
実行するわよ!!

どけよ！
診療時間に間に合わなくなるだろ！
ダメよ！いま出て行かれたら牛肉がおじゃんなの！

病院と牛肉となんの関係があるんだよ!?
それは教えられな〜い！

工事が完了しました！

あっ わかりました！病院行っていいわよ！
おくれたらおまえのせいだからな！

地震でもあったのか？
なんだこりゃ!!

こんな時に病院なんて行ってる場合じゃないな！
いいから早く病院に行って！
入っちゃダメ！
さっきは行くなって言ったくせに!!
いまは行ってもらわないと！バ〜イ！
ブスッ

シン！心配しないで!!

シンは片目だから距離感がうまくつかめないはずよ！
わたしが渡るのを手伝ってあげる！
タッ
タッ

おまえが来てくれて助かるよ！この目じゃひとりだったら落下していただろうからな！
ウフフ！そんな水くさいこと言わないでよ！

ツルッ

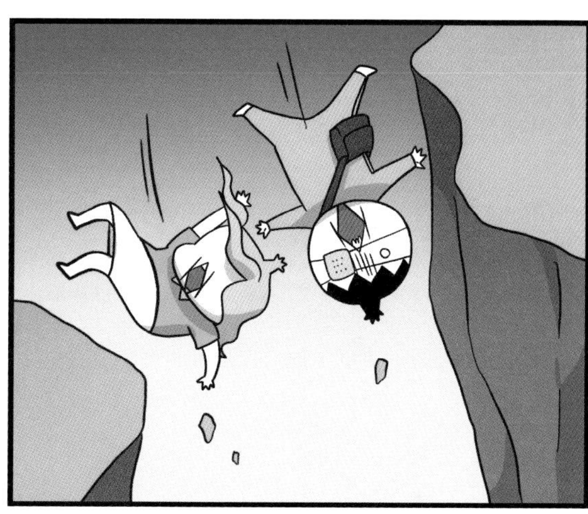

だって…できるだけ
リアルにしてほしいって
言うから…！

ドドン

兄ちゃん 目も
整形外科で治るの？
いや！

じゃ なんで
ここにいるの？
玄関前にできた
おそろしい絶壁
から落下した！

アリスさま 手を
おつなぎになれた
だけでも…
そうね
命がけだったけど！

玄関前？
そんなの
なかったけど？

ハッ!! 最後の1個はいただきっ!!

ブ
ツン
グサッ
イテテテテテ!!!

うぅ〜！ それは ボクはいま 片目でしか見えてないからだよ！
変なの！ 兄ちゃんのほうが 近くにいるのに さっきから 全然命中しないね！
おまえも片目をつぶって 両手でようじをつまんで 先っぽを合わせてみろ！
ひゅっ
あれっ??
こう？
そんなの かんたんじゃん!!
あれれっ？
ひゅっ
両目で見ないと 物の角度などが わかりにくくて立体感や距離が 正確につかめないんだ！
片目だけだと 物を 平面的にしか見られない からだよ！
あれぇ！ おかしいなぁ!! なんで合わないの？

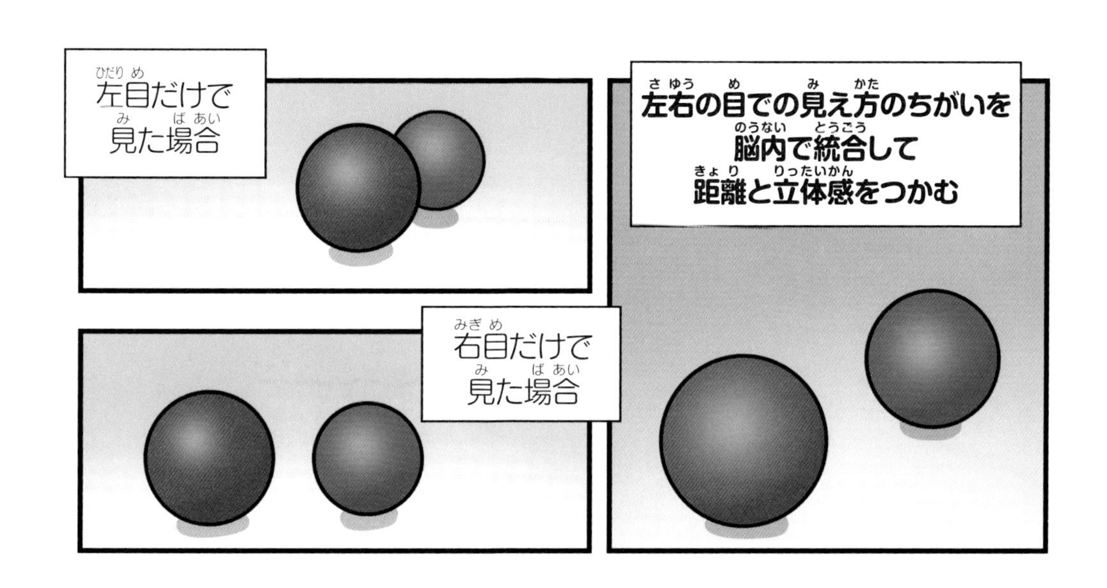

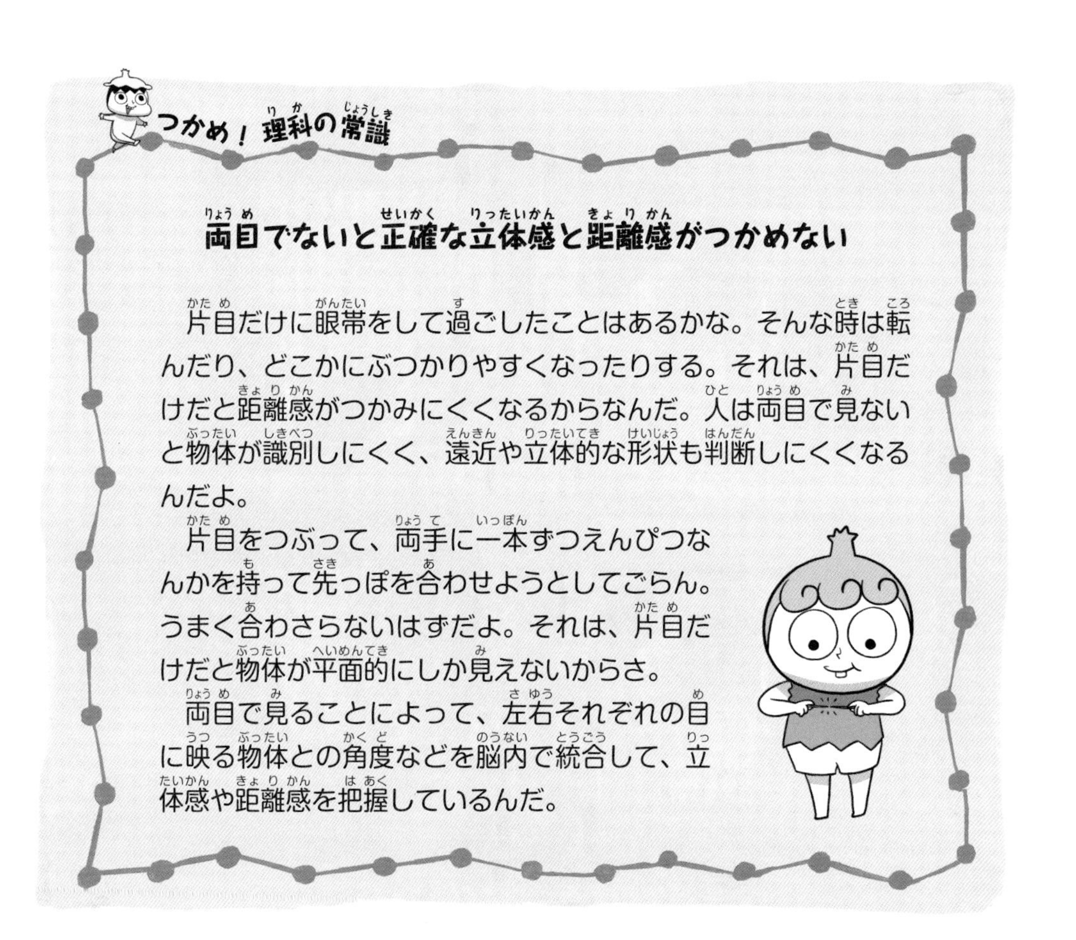

つかめ！ 理科の常識

両目でないと正確な立体感と距離感がつかめない

片目だけに眼帯をして過ごしたことはあるかな。そんな時は転んだり、どこかにぶつかりやすくなったりする。それは、片目だけだと距離感がつかみにくくなるからなんだ。人は両目で見ないと物体が識別しにくく、遠近や立体的な形状も判断しにくくなるんだよ。

片目をつぶって、両手に一本ずつえんぴつなんかを持って先っぽを合わせようとしてごらん。うまく合わさらないはずだよ。それは、片目だけだと物体が平面的にしか見えないからさ。

両目で見ることによって、左右それぞれの目に映る物体との角度などを脳内で統合して、立体感や距離感を把握しているんだ。

恐怖のドラゴン魔球！

カサブタができるとどうしてかゆいの？

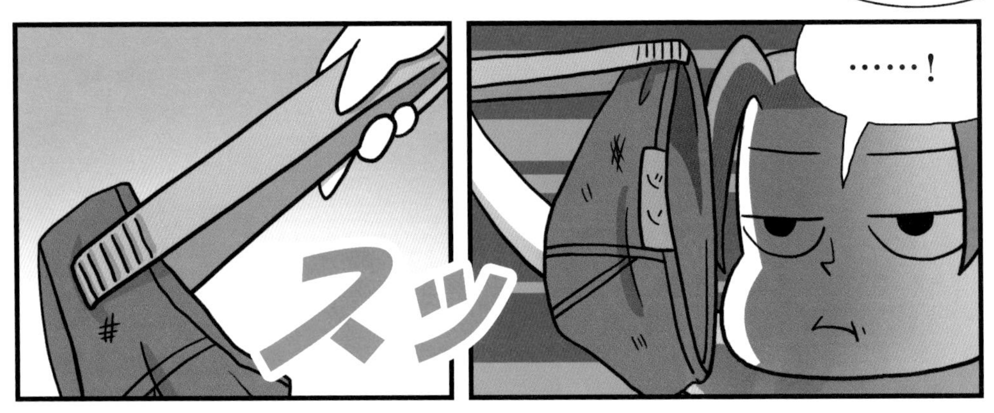

パパが当番の時にかくしておいて
忘れちゃったんだね きっと！
子どもたちの15年前の
洗たく物がなんでこんな
ところにあるのよ!?
ひえぇぇぇぇ!!!

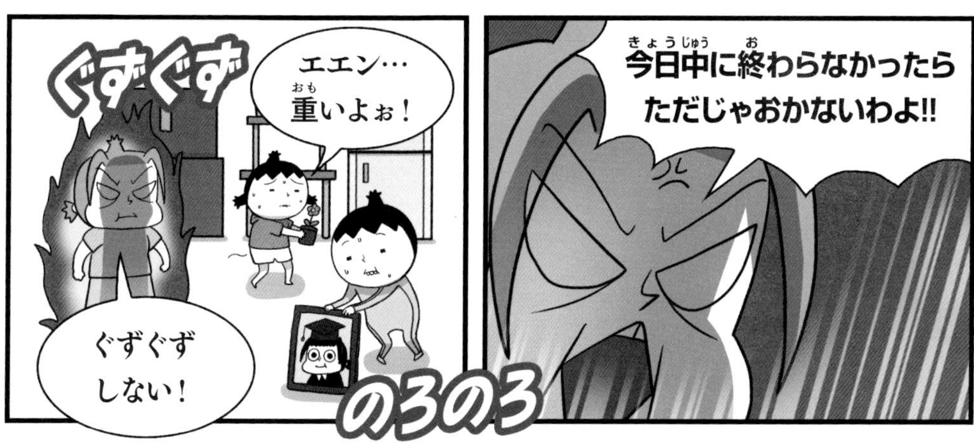
今日中に終わらなかったら
ただじゃおかないわよ!!
ぐずぐず
エエン…
重いよぉ！
ぐずぐず
しない！
のろのろ

そんなんじゃいつまでたっても
終わらないでしょ こうやっていっぺんに…
サッ
サッ
ひょいっ
はっ！

うわあぁぁぁ!!!
ガラ
ガラ
ガラ
グオォォォ！ まとめて
ぶっつぶしてやるわ!!!
ヒュッ
ヒュッ
ヒュッ

もうよさないかキミ
冷静に考えてみようじゃ
ないか！
ここにある物すべてが
ボクたちの思い出の品！
ひとつひとつが
宝物じゃないか！

このバットだって
シンが小学校に入学した時に
スポーツが好きになるようにって
買ってあげたはずだろ

キミが見つけて
くれたんだね！
まあ！ そう
だったわね!!

こっちはジュリが
1才の時に使っていた
バーベキューコンロ
あれは2才の時の
オマル…！
248L

ジュリ 覚えてる？ パパが毎日5回は
くみ取りをしてくれたのよ！
それもいい思い出よね フフ!!
ススス ッ

脱出成功!!

ふぅ…おかげで助かった
けどパパ あの瞬間によく
あんなこと思いついたね!?
ハア ハア ハア
かたづけ終わったの？
ぜえ
ぜえ
どうかしちまったんじゃ
ないのか オレ…ただじゃ
すまないよな！

わ～
バットだ～！
うん？ パパ なんで
そんな物を
持ってきたの？
ホントだ！
どうりで
重いと思った！

なあシン 覚えてるか？
おまえが大きくなったら
いつかいっしょに野球を
しようと思って買ったんだぞ

それなのに バットには目もくれず
あの時はパパ さびしかったぞ！
ふえん…勉強は
明日すれば
いいだろ？
お父さん！
そんなこと
してる場合？
昇進試験の準備は？
万年課長でも
いいのですか!?
昇進試験は
明日でしょうが!?

フフフ どうだ？
いまからでもパパと
野球やらないか？
ぼくぼく！
ぼくやる！
けっこうです！

パパはこう見えても子どものころ
ジュルジュル町のリトルリーグで
4番バッターだったんだぞ あのまま
続けていたらプロになってたかもな！
パパは努力する
タイプじゃないから
ムリだったよ！

うちらの先輩では!?

のっし
のっし
ほほう〜！ ジュルジュル町の
リトル出身でしたら

お手並み拝見と
いきましょうか…
大先輩の
ようですから…
ジュルジュル
ジュルジュル
ジュルジュル
リトル
リトル
ドドン

ふん オレたちの子どものころは
恐れ多くて先輩に話しかけることも
できなかったというのにな…！

ジュルジュル町の
リトルの子たちかよ!!
び びっくりしたぁ！
あっ よく見る
お姉さんと
お兄さんだ〜！

そこまで言うなら手ほどきしてやろうじゃないか!?
ふっ
ふっ

ちょっとパパ！さっきといい今日はどうしちゃったの？
最近の子どもの怖さを知らないの？
ふん 心配するな！

おまえたちはただ パパの雄姿を見てればいいさ！ ハッハッハッ!!
……

ひゅー
リトル
リトル
リトル
ひゅー

ボクは見てる
だけでいいって
言わなかった？
おまえはただの
数合わせだ！
あっちでだまって見てろ！

うん 言われなくても
そうするつもりだった
……！

ハ〜〜〜〜ッ!!
打てるもんなら打ってみろ!!!
ヒュー
サンダー建設
チョン課長の球を!!
ビシュッ

ま まさか!! 本当に野球が得意だったの!?
フッフッフ 会社づとめにつかれたサラリーマンにしてはやるじゃん! だが…
ビューーーン

カーン
ビューーン

うわ〜〜〜〜〜〜〜〜〜〜〜〜あっ!!
スコーン

カキッ
フッフッフ！
とっても打ちやすい
球でしたよ 大先輩！
へなっ
クソォ!!

いまのは
ウォーミングアップ
本番はここからだ
覚悟しろ!!
オレもなめられた
もんだな！
ヘッヘ!!
ビュン
ビュン
リトル
リトル

うん？ さっきとは
目つきがちがう!!

ウオオオオオ

うっ!! ヤ ヤバい!!!
パッ
これでどうだ!!!
ドラゴン魔球(まきゅう)!!!
グオオオ
カーリ
ああっ!!!
うぉっ!!
ブゴブゴ
ブゴブゴオ

ぎょえぇぇっ!!!
バキューン

ゴゴ
えっ…!?
ゴゴゴォ
グエエエエエ!!!
ドゴッ

これは！ 10年の生涯ではじめて味わった魔球!!
ジリ
ジリ
先輩があと10才若かったらあの球は絶対に打てなかったはずです!!
兄ちゃん！ 死なないでぇ!!
うぅぅ…あの球が打たれるとは…！

先輩！恐れ入りました！
どうかお手ほどきを!!
フフ！
ペコッ

だが スライディングが
まだまだのようだ
バキバキッ

いいぞ その調子だ！
このぶんだとあと2年も
すれば立派な選手になるな
ありがとう
ございます先輩!!

ヘッド
スライディングの
ほうが有利だ!!
おまえらのように上体に
重心がかかるなら
タッタッタッ

パッ

ズサーッ
タッチ

見事なスライディング！ けっして忘れません！ 先輩!!!
わかったか!! この感覚を 忘れるんじゃないぞ!!
パチパチ
パチパチパチ

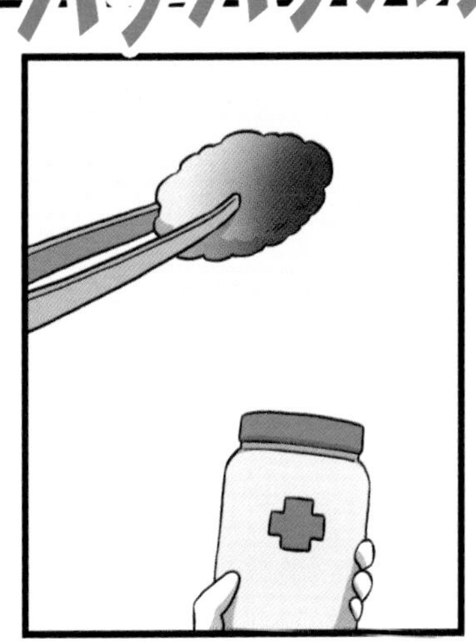

地面に頭からすべり込む
なんて どうかしてるわよ
ううぅ!! かゆい!!
かゆすぎるぅ!!
ポン
ポン
かゆいからってカサブタ
はがしたら なかなか
治らないわよ!!

シン兄ちゃん 元気にしてる?
ところで カサブタが
できたらどうして
かゆくなるの?

きゃゆい きゃゆいよぉ!!
ジュリ!
パパをおとなしく
させてちょうだい!!

その下で新たな皮ふが生まれる
そのときに ヒスタミンという
物質が分泌され
もぞ
こちょ
もぞ
こちょ
その物質が神経に作用して
かゆみを感じさせるんだよ

よく聞くんだぞ グゥ
傷口にカサブタができると
ぽわん

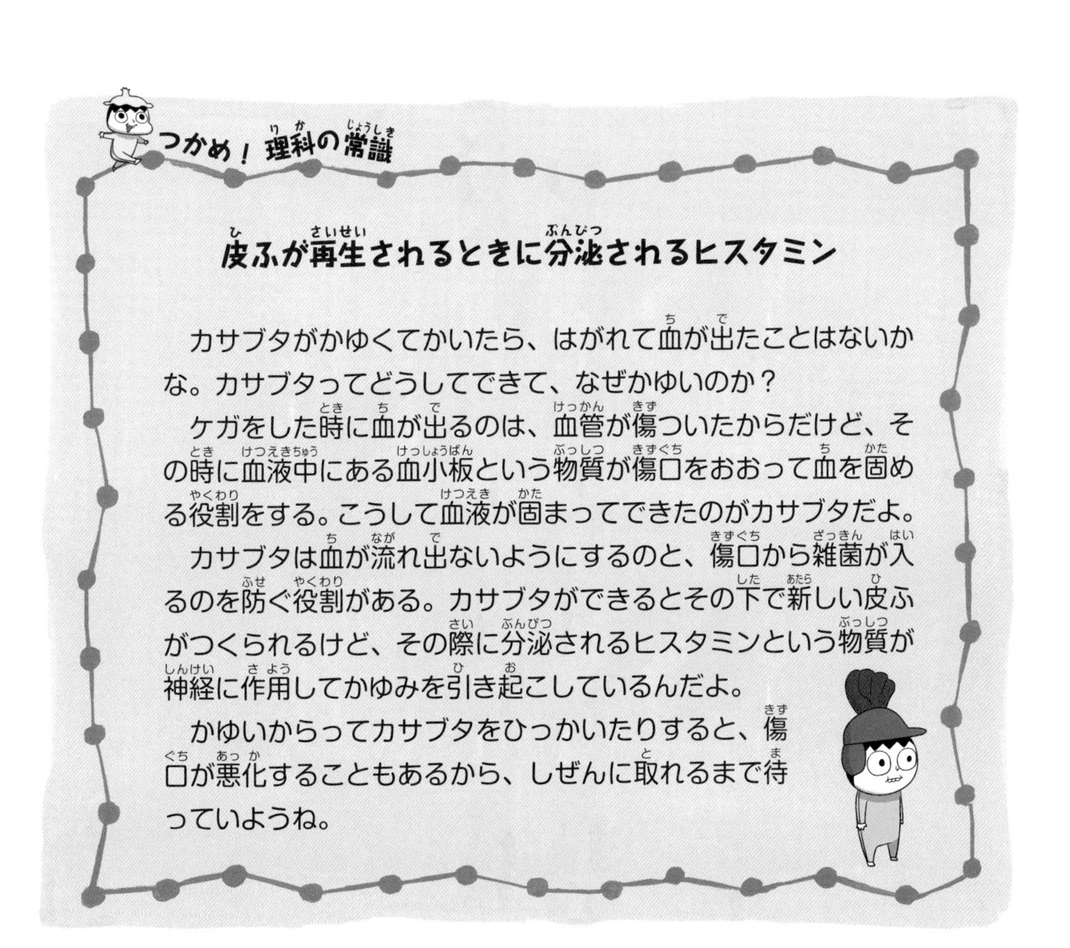

つかめ！ 理科の常識

皮ふが再生されるときに分泌されるヒスタミン

カサブタがかゆくてかいたら、はがれて血が出たことはないかな。カサブタってどうしてできて、なぜかゆいのか？

ケガをした時に血が出るのは、血管が傷ついたからだけど、その時に血液中にある血小板という物質が傷口をおおって血を固める役割をする。こうして血液が固まってできたのがカサブタだよ。

カサブタは血が流れ出ないようにするのと、傷口から雑菌が入るのを防ぐ役割がある。カサブタができるとその下で新しい皮ふがつくられるけど、その際に分泌されるヒスタミンという物質が神経に作用してかゆみを引き起こしているんだよ。

かゆいからってカサブタをひっかいたりすると、傷口が悪化することもあるから、しぜんに取れるまで待っていようね。

世界のすごい科学者

アイザック・ニュートン

Isaac Newton

(1642年12月25日生まれ - 1727年3月20日没)

アイザック・ニュートンは、物理学者、天文学者、数学者など、さまざまな顔をもつ科学者です。イングランドのとある小さな村で生まれた彼は、おじいさんとおばあさんに育てられ、少年のころはひとりで過ごす時間が多かったそうです。内気な性格で、ひとりで空想する時間を楽しみながら、さまざまなことに興味を抱き観察する日々を送っていました。

ニュートンは1661年にケンブリッジ大学のトリニティ・カレッジに入学し、デカルトやケプラー、ガリレオなどを深く学びました。そんななか、1665年にロンドンでペスト（黒死病）が大流行しました。ペストとは、ペスト菌による感染症で、1664年から65年にかけて、ロンドンの人口の約20％もの人が命を落としたおそろしい病です。そのため、ニュートンも故郷に帰らざるをえなくなりました。

ニュートンは故郷で過ごす間に、のちに彼のもっとも重要な業績と評価されることとなる「万有引力の法則」を発見し、「運動の法則」を思いつきました。後世の人々は1666年を「奇跡の年」とよぶようになりました。しかし、ニュートンはこの時の研究結果をすぐに発表したわけではありません。彼がこれらの研究について発表したのは、それからだいぶたってからでした。

▲ニュートン

1687年に『自然哲学の数学的諸原理（プリンキピア）』という本を刊行し、運動の３法則などに関する内容をのせました。この本は、歴史上もっとも優れた科学書といわれています。

ニュートンの運動の３法則とは、力が働いた物体はどんな動きをするかについてまとめたものです。運動の第１法則は「慣性の法則」ですが、物体のもつ、運動状態を維持しようとする性質を慣性といいます。たとえば、停止していたバスが走り出すと、立っていた人は止まった状態でい続けようとする性質があるため、バスが動いた瞬間に体がうしろに傾きます。逆に、走っていたバスが止まる時は、バスに乗っていた人は走り続けようとする慣性が作用して、バスが止まった瞬間に体が前のめりになります。

運動の第2法則は「運動方程式」です。物体に力が働いて動く時の、単位時間あたりの速度の変化を「加速度」といいます。物体に作用する力が大きければ加速度が増加し、力が小さければ加速度は減少します。反対に、質量が大きければ加速度は減少し、質量が小さければ加速度は増加します。

▲ニュートンの運動の3法則

運動の第3法則は「作用反作用の法則」です。物体に力を及ぼす場合、及ぼす側と受ける側の力は大きさが等しく、向きは反対であるというものです。つまり、人が壁を押すと、自分が壁を押す力と同等の力で壁も自分を押しているということです。この場合、自分が押す力が作用で、壁に押されている力が反作用です。物理学では力の単位を「N」で表しますが、これはニュートンの名前にちなんで「ニュートン」と読みます。

また、ニュートンは、物体が落ちる、つまり物体に地球の重力が働くのは、地球が物体を引き寄せているからだと説明しました。『自然哲学の数学的諸原理』には、重力を宇宙に広げて説いている「万有引力の法則」に関する記述もあります。そのほか、ニュートンはプリズムを利用して、光がさまざまな色で構成されていることを発見しました。レンズを使った望遠鏡ではなく、鏡を利用した反射鏡をつくりもしました。イギリスでは彼の業績を称え、1705年にナイト〔騎士〕の称号を授けました。ニュートンは、ナイトの称号を与えられた最初の科学者でもあります。

科学クイズにチャレンジ！

Q1とQ2は、それぞれなにに関する説明ですか？

Q1. フィリピン沖にあり、世界でもっとも深い谷のような海底です。その深さは、なんと約1万920mです。

……………………

Q2. 塩分濃度が高いため、じっとしていても体がしずまない湖です。イスラエルとヨルダンの間にあります。

……………………

Q3. 動物にはそれぞれ特徴があります。動物とその特徴に合った説明を正しく結んでください。

①カッコウ	・	・	㋐ゾウのフンが好きです
②ライオン	・	・	㋑夏眠をします
③ヘビ	・	・	㋒足が退化しました
④砂漠のカエル	・	・	㋓自分の子をほかの親に育てさせます

Q4. 次の動物のうち、呼吸法がちがうものを選んでください。

①クジラ　②マグロ　③ペンギン　④ゾウ

QA QA

Q5. 満ち潮と引き潮に関する説明のうち、まちがっているものをすべて選んでください。

①月の引力によって起こる現象です。

②地震によって起こる現象です。

③海水が陸地に入ってくることを引き潮といいます。

④一日に3回起こります。

Q6. 次の文章はなにに関する説明ですか？ ……………………

人がケガをした時に、皮ふが再生される際に分泌される物質です。ケガが治りかけている時にかゆくなるのは、この物質のためでもあります。

Q7. スイカやザクロのような種が多い植物について、正しいと思われる説明を選んでください。

①種はおいしく、栄養価も高いので、天敵にとってかっこうのエサになります。

②種は生き残る確率が少ないため、たくさんつくられるようになっています。

③種が多いと、寒い日や暑い日でも一定の温度に保つことができます。

④種が多いと、ほかの動物にとっては食べるのがめんどうになるので、その植物は生き残る確率が高くなります。

答え

1．マリアナ海溝　　2．死海　　3．①−㋓、②−㋐、③−㋒、④−㋑

4．②のマグロ。マグロはエラで呼吸をしますが、クジラ、ペンギン、ゾウは肺で呼吸をします。

5．②、③、④　満ち潮と引き潮がくり返されることを潮汐現象といいますが、おもに月が地球を引き寄せる引力によって現れます。地球の自転は一日に一度なので、満ち潮と引き潮は二度起こります。

6．ヒスタミン

7．②　種は生き残る確率が低いため、少しでも多く残そうとたくさんの種をつくると考えられています。

2024年7月18日　第1刷発行
2024年12月18日　第6刷発行

著　者　シン・テフン（原作）
　　　　ナ・スンフン（漫画）

訳　者　呉 華順

発行者　鉄尾周一

発行所　株式会社マガジンハウス
〒104-8003　東京都中央区銀座3-13-10
書籍編集部　☎03-3545-7030
受注センター　☎049-275-1811

印刷・製本所　三松堂株式会社

ブックデザイン　bookwall
DTP　茂呂田剛、畑山栄美子（有限会社エムアンドケイ）

ISBN978-4-8387-3274-6 C8340

マガジンハウスのホームページ　https://magazineworld.jp/